国家职业技能等级认定培训教材——合编版

西式面点师

（初级 中级 高级）

人力资源社会保障部教材办公室　组织编写

中国劳动社会保障出版社

图书在版编目（CIP）数据

西式面点师：初级、中级、高级 / 人力资源社会保障部教材办公室组织编写 . -- 北京：中国劳动社会保障出版社，2020

国家职业技能等级认定培训教材——合编版

ISBN 978-7-5167-4613-4

Ⅰ.①西…　Ⅱ.①人…　Ⅲ.①西点 - 制作 - 职业技能 - 鉴定 - 教材　Ⅳ.①TS972.116

中国版本图书馆 CIP 数据核字（2020）第 149262 号

中国劳动社会保障出版社出版发行

（北京市惠新东街 1 号　邮政编码：100029）

*

北京市艺辉印刷有限公司印刷装订　　新华书店经销

787 毫米 ×1092 毫米　16 开本　12.75 印张　223 千字

2020 年 9 月第 1 版　　2023 年 6 月第 5 次印刷

定价：**25.00 元**

营销中心电话：400-606-6496

出版社网址：http://www.class.com.cn

前　言

　　为贯彻落实中共中央、国务院《关于分类推进人才评价机制改革的指导意见》精神，推动烹调师、面点师职业培训和职业技能等级认定工作的开展，在烹饪专业从业人员中推行职业技能等级制度，推进实施职业技能提升行动，人力资源社会保障部教材办公室组织有关专家对原烹调师、面点师国家职业资格培训教程进行了优化升级，组织编写了国家职业技能等级认定培训教材——合编版。

　　本套教材依据相关《国家职业技能标准》（以下简称《标准》），结合岗位工作实际编写，内容上体现"以职业活动为导向、以职业能力为核心"的指导思想，突出职业技能等级认定培训特色；结构上针对烹调师、面点师职业活动领域，按照职业功能模块分级别编写。针对《标准》中的"基本要求"，还专门编写了中式烹调师、中式面点师、西式烹调师、西式面点师4个职业各个级别共用的《烹饪基础知识》，包括职业道德、饮食卫生、饮食营养、成本核算、厨房安全生产等方面的内容。

　　本书是国家职业技能等级认定培训教材——合编版中的一种，适用于初级、中级、高级西式面点师的培训，是国家职业技能等级认定培训推荐用书。

　　本书由王美萍、张明、林泉水、赵红、董桐生编写，王美萍主编统稿，梅晓章审稿。由于时间仓促，不足之处在所难免，欢迎提出宝贵意见和建议。

人力资源社会保障部教材办公室

目　录

第一部分 西式面点师初级

第一章

西式面点专业基础知识

第一节　西式面点发展简况

面点行业在西方通常被称为烘焙业（baking industry）。西式面点制作不仅是烹饪的组成部分（即餐用面包和点心），而且是独立于西餐烹调之外的一种庞大的食品加工行业，是西方食品工业的主要支柱之一。

现代西式面点（简称西点）的主要发源地是欧洲。据史料记载，古代埃及、希腊和罗马已经开始了最早的面包和蛋糕制作。西点制作在英国、法国、德国、意大利、奥地利、俄罗斯等国家已有相当长的历史，并在发展中取得了显著的成就。

史前时代，人类已懂得用石头捣碎种子和根，再混合水分，搅成较易消化的粥或糊。公元前9000年，波斯湾畔的人们把小麦、大麦的麦粒放在石磨中碾磨，除去硬壳、筛出粉末，加水调成糊后，铺在被太阳晒热的石块上，利用太阳能把面糊烤成圆圆的薄饼。这就是人类制出的最简单的烘焙食品。

若干世纪前，面包烘焙在英国大部分起源于地方性的手工艺，然后再逐渐普及到各个家庭。直到20世纪初，这种情形由于面包店大量采用机器制作后而开始改变。世界各国一般均采用小麦为原料制作面包，但是也有很多国家用燕麦或小麦及燕麦混合制作，种类繁多，因地区、国家不同而有所不同。英国面包大多不添加其他作料，但英国北部地区则会在面包中加牛奶、油脂等，吐司面包也比较普及，南部地区则喜做脆皮面包。美国面包成分较多，添加较多糖、牛奶及油脂。法国面包成分较少，烤出的成品口感硬脆。

20 世纪后期，欧美各国生活富足，特别在美国，食粮丰富，种类繁多，面包从主粮地位日渐下降，逐渐被肉类取代，但随之而来的却是心脏病、糖尿病的增加，令人们对食品结构重新审视，开始提倡回归自然，素食、天然食品大行其道。

回归自然之风亦吹向烘焙行业，人们再次用生物发酵方法烘制出具有诱人芳香酒味的传统面包，用最古老的酸面种发酵方法制成的面包，更受中产阶层人士的青睐。

全麦面包、黑麦面包过去因颜色较黑、口感较硬而被摒弃，如今却因含较多的蛋白质、维生素而成为时尚的保健食品。多个世纪以来所追求的"白面包"逐渐失宠，投放在超级市场内、标榜卫生、全机械操作而制成的面包失去了吸引力，而出售新鲜面包的小店又开始林立在城市中。面包制造商不断求新求变，加入各式各样的辅料，以求面包款式多，营养价值高，食后健康。面包制造业举办有关面包各类型的比赛、展览，增加专业人士互相考察、学习的机会，起到了改进面包制作的效果。

亚洲多数人以大米为主粮，面包因容易保存、携带方便、能配合各样饮料食用而逐渐被生活节奏快的都市人用作早餐、小吃，甚至午餐。

第二次世界大战后的日本，面点行业既注意吸取各国的成功经验，又突出日本特色，使日式面包不但保留了手工造型特点，而且给人以别具一格的新风貌。

面包在中国出现大概可追溯到晋代，那时就有面粉经过发酵再蒸熟而被称为"蒸饼"的馒头，而人们用面团包裹着猪、牛、羊肉祭神的食品成为最早的包子。最初的烤炉形式与罗马式的皮勒炉相似，但体积不如罗马式的大。今天在供应早餐的烧饼油条店内，还可以看到这种土制的烤炉，一般可分为两类。一类是用约 241 L 的煤油桶改装，内部糊上泥土，上部呈圆拱形，在圆拱形与油桶之间隔以炉条，使用块煤燃烧，将待烤的面饼直接贴在炉子的内侧，约 10 min 烧饼烤熟后用钳子把饼取出。另一类是平口形的，直接用油桶来做，在桶的 2/3 处以泥土筑隔层，中央留置一处直径约 17 cm 的气孔，在隔层的下面生火，火焰由气口上升，在顶部用铁板盖住，使炉内湿度不致散失。面饼烤焙时先放在铁板上焙至半熟，然后移到下面隔层内烘熟。这两种土法烤炉虽因时代的进步由泥土砖块演进到油桶，但这种形式与烤焙面饼的方法却流传数千年，至今无太大的变化。这也是我国固有饮食文化虽较西方当时的烤炉优越得多，数千年后却仍停留在土窑式的阶段使烘烤的食品没有进步的缘故。当然，有些烤面饼是用烙焙而不是使用烘烤的方法，对烤炉也没有必要作太大的改进，而且用土窑烤出来的饼的味道比用现代烤炉烤的饼更香。所以，在西方发达国家中仍在使用皮勒炉，用它烤出来的面包风味更好。

据传，欧洲的面点是在明代万历年间由意大利的传教士利马窦带到中国的。此后，其他西方国家的传教士、外交官与商人大量入境，西餐食物的制作方法和烹调技术也相应增多。19 世纪 50 年代清后期所出现的西菜馆，大多分布在上海。后来，各个通商口岸纷纷开设面包店。现今随着中国市场的开放，面点业在中国的发展正呈现出广阔的前景。

第二节　西式面点的类别

西式面点（西点）英文写作 west pastry，主要是指来源于欧美国家的点心。它是以面、糖、油脂、鸡蛋和乳品为主要原料，辅以干鲜果品和调味料，经过调制、成型、成熟、装饰等工艺过程而制成的具有一定色、香、味、形的营养食品。

西点起源于欧美地区，但因国家或民族的差异，其制作方法千变万化，即使是同样一个品种在不同的国家也会有不同的加工方法，因此，西点品种繁多，要全面了解西点品种概况，必须首先了解西点分类情况。

一、类别

西点分类目前尚未有统一的标准，但在行业中常见的有下述几种。

1. 按点心温度分类，可分为常温点心、冷点心和热点心。

2. 按西点用途分类，可分为零售类点心、宴会点心、酒会点心、自助餐点心和茶点。

3. 按厨房分工分类，可分为面包类、糕饼类、冷冻品类、巧克力类、精制小点类和工艺造型类。这种分类方法概括性强，基本上包含了西点生产的所有内容。

4. 按制品加工工艺及坯料性质分类，可分为蛋糕类、混酥类、清酥类、面包类、泡芙类、饼干类、冷冻甜食类、巧克力类、装饰造型类等。此种分类方法普遍应用于行业及教学中。

（1）蛋糕类。蛋糕类包括清蛋糕、油蛋糕、艺术蛋糕和风味蛋糕。它们是以鸡蛋、糖、油脂、面粉等为主要原料，配以水果、奶酪、巧克力、果仁等辅料，经一系列加工而制成的松软点心。此类点心在西点中用途广泛。

（2）混酥类。混酥类是在用黄油、面粉、白糖、鸡蛋等主要原料（有的需加入适量添加剂）调制成面坯的基础上，经擀制、成型、成熟、装饰等工艺而制成的一类酥而无层的点心，如各式派、塔、干点心等。此类点心的面坯有甜味和咸味之分，是西点中常用的基础面坯。

（3）清酥类。清酥类是在以水调面坯、油面坯互为表里，经反复擀叠、冷冻形成新面坯的基础上，经加工而成的一类层次清晰、酥松的点心。此类点心有甜咸之分，是西点中常见的一类点心。

（4）面包类。面包类是以面粉为主、以酵母等原料为辅的面坯，经发酵制成的产品，如汉堡包、甜包、吐司包、热狗等。面包的生产需要一个比较暖和的环境，一般室温不低于20 ℃。大型酒店有专门的面包房生产餐厅需要的以咸甜口味为主的面包，包括硬质面包、软质面包、松质面包、脆皮面包，这些面包主要作为早餐主食和正餐副食。

（5）泡芙类。泡芙制品是将黄油、水或牛奶煮沸后，烫制面粉，搅入鸡蛋等，先制作成面糊，再通过成型、烤制或炸制而成的制品。

（6）饼干类。饼干有甜咸两类，重量一般为5~15 g，食用时以一口一块为宜，适用于酒会、茶点或餐后食用。

（7）冷冻甜食类。冷冻甜食以糖、牛奶、奶油、鸡蛋、水果、面粉为原料，经搅拌冷冻或冷冻搅拌、蒸、烤或蒸烤结合制出的食品。这类制品品种繁多，口味独特，造型各异，包括各种果冻、慕斯、布丁、冷热苏夫利、芭菲、冰激凌、冻蛋糕等。冷冻甜品以甜为主，口味清香爽口，适用于午餐、晚餐后或非用餐时食用。

（8）巧克力类。巧克力类是指直接使用巧克力或以巧克力为主要原料，配上奶油、果仁、酒类等调制出的产品，其口味以甜为主。巧克力类制品有巧克力装饰品、加馅制品、模型制品，如巧克力雕花、酒心巧克力、动物模型巧克力等。巧克力制品主要用于礼品点心、节日西点、平时茶点和糕饼装饰。巧克力生产需要一个独立的房间和空调装置，温度要求不超过21 ℃。

（9）装饰造型类。凡是经特殊加工，造型完美，具有食用和欣赏双重价值的西点称为装饰造型类制品，如精制的巧克力糖棍、面包篮、庆典蛋糕、糖粉盒、杏仁膏、糖活制品等。这类制品品种丰富，工艺性强，要求色泽搭配合理，造型精美。

上述9种分类方法基本概括了西点制作的全部内容，但每种之间都有相互的联系，有些还具有多重性，很难划分归类，应灵活掌握和运用。

二、常用术语解释

西点制作是西方民族饮食文化的重要组成部分，工艺复杂，技术性强。为了使操作者能准确掌握常见术语的含义，提高制作技能，现将常用术语列举如下：

派——英文 pie 的译音，一种油酥面饼，内含水果或馅料，常用圆形模具作坯模。其口味有甜、咸两种，其外形有单层派和双层派之分。

塔——英文 tart 的译音，是以油酥面团为坯料，借助模具，通过制坯、烘烤、装饰等工艺制成的内盛水果或馅料的小型点心，其形状因模具不同而异。

苏夫利——英文 souffle 的译音，有热食、冷食两种。热食以蛋白为主要原料，冷食以蛋黄和奶油为主要原料，是一种充气量大、口感松软的点心。

芭菲——英文 parfait 的译音，是一种以鸡蛋和奶油为主要原料的冷冻甜食。

慕斯——英文 mousse 的译音，是将鸡蛋、奶油分别打发充气后，与其他调味品调合而成的松软型甜食。

泡芙——英文 puff 的译音，是以水或牛奶加黄油煮沸后烫制面粉，搅入鸡蛋，通过挤糊、烘烤、填馅料等工艺制成的一类点心。

布丁——英文 pudding 的译音，是以黄油、鸡蛋、白糖、牛奶等为主要原料，配以各种辅料，通过蒸或烤制成的一类柔软的甜点心。

结力——英文 gelatin 的译音，又称明胶、鱼胶，是用动物皮骨熬制成的有机化合物，为无色或淡黄色的半透明颗粒、薄片或粉末。其多用于鲜果点心的保鲜、装饰及胶冻类的甜食制品。

饭点心——是指饭后吃的点心。

黄酱子——又称黄少司、黄酱、克司得、牛奶黄酱子等，是用牛奶、蛋黄、淀粉、糖及少量黄油制成的糊状物。它是西点中用途较广泛的一种半成品，多用于做馅，如气鼓馅、清酥点心馅等。

搅糖粉——又称糖粉膏，是用糖粉和鸡蛋清搅拌制成的质地洁白、细腻的制品。它是制作白点心、立体大点心和点心展品的主要用料，其制品具有形象逼真、坚硬结实、摆放时间长的特点。

膨松体奶油——用鲜奶油或鲜奶油加糖果搅打制成，在西点中用途广泛。

黄油酱——又称糖水黄油酱，它是黄油经搅拌加入糖水而制成的半成品，多为奶油蛋糕等制品的配料。

糖水——白砂糖与水熬制而成的混合液体。其中糖与水的比例一般为1∶2，它是一种制作简单、用途广泛的半成品。

果冻——用糖、水和鱼胶粉或琼脂按一定比例调制而成的冷冻甜食。

烫蛋白——又称蛋白膏、蛋白糖膏等，用沸腾的糖浆烫制打起的膨松蛋白制成，此料洁白、细腻、可塑性好。烫蛋白有加入熔化的鱼胶和不加鱼胶两种。

巧克力树皮卷——将巧克力熔化后抹在大理石案台上，待凉后用刀刮成的形状像树皮卷的一类制品。它多用作蛋糕点心的装饰品。

杏仁膏——又称杏仁面、杏仁泥，是用杏仁、砂糖加适量朗姆酒或白兰地酒制成的。杏仁膏柔软细腻、气味香醇，是制作西点的高级原料。它可制馅、制皮，捏制植物、动物等装饰品，目前，饭店使用的多是加工好的、直接使用的制品。

札干——用明胶片、水和糖粉调制而成的制品，是制作大型点心模型、展品的主要原料。札干细腻、洁白、可塑性好，其制品不走形、不塌架，既可食用，又能欣赏。

风登糖——又称翻砂糖、封糖、白毛粉，是以砂糖为主要原料，用适量水加5%~10%的葡萄糖，或加少许醋精或柠檬酸熬制，并经反复搓叠而成的。它是挂糖皮点心的基础配料。

挂面——又称挂糖皮。

上馅——又称包馅，是馅心点心加工制作过程中一道必不可少的工序。

化学起泡——以化学膨松剂为原料，使制品体积膨大的一种方法。常用的化学膨松剂有碳酸氢钠、碳酸氢铵、泡打粉等。

生物起泡——利用酵母等微生物的作用，使制品体积膨大的方法。

机械起泡——利用机械的快速搅拌，使制品体积膨大的方法。

打发——指蛋液或黄油经搅打以增大体积的方法。

硬脂酰乳酸钙——又称面团改良剂，是以硬脂酰乳酸钙为主要成分的低聚体混合物。它能改善面团的强度，缩短发酵及烘烤时间，能使面包体积增大，内质柔软，气孔细密均匀，刀切不掉渣，口感好。

硬脂酰乳酸钠——又称面团改良剂，为白色或淡黄色粉末，溶于植物油。它可用作面包改良剂及蛋白的发泡剂，用于面包时能增大面包体积，使制品柔软、气孔细密均匀、增加白度，还能够使制品具有良好的弹性。

清打法——是指蛋清与蛋黄分别抽打，待打发后，再合为一体的方法。

混打法——指蛋清、蛋黄与糖一起抽打起发的方法。

跑油——多指清酥面坯的制作，即面坯中的油脂从水面皮层溢出。

面粉的"熟化"——指面粉在储存期间，空气中的氧气自动氧化面粉中的色素，并使面粉中的还原性氢团（硫氢键）转化为双硫键，从而使面粉色泽变白，物理性能得到改善。

第三节　西式面点的特点

西点是西餐烹饪的重要组成部分，它以用料讲究、造型艺术、品种丰富等为特点，在西餐饮食中起着举足轻重的作用。无论是每日三餐还是各种类型的宴会，西点制品都是不能缺少的。

一、用料讲究，营养丰富

西式面点用料讲究，其面坯、馅心、装饰、点缀等用料都有各自的选料标准，各种原料之间都有着相互间的比例，而且大多数原料要求称量准确。

西式面点多以乳品、蛋品、糖类、油脂、面粉、干鲜水果等为常用原料，其中蛋、糖、油脂的比例较大，而且配料中干鲜水果、果仁、巧克力等用量大，这些原料含有丰富的蛋白质、脂肪、糖、维生素等营养成分，它们是人体健康必不可少的营养素，因此西点具有较高的营养价值。

二、工艺性强，成品美观、精巧

西点在制作工艺上具有工序繁，技法多，注重火候、卫生等特点，其成品多有点缀、装饰，能给人以美的享受。

每一件西点产品都是一件艺术品，每步操作都凝聚着西点师的创造性劳动，所以制作一道点心，每一步都要依照工艺要求去做，这是对西点师的基本要求。如果西点脱离了工艺性和审美性，就失去了自身的价值。西点从造型到装饰，每一个图案或线条都清晰可辨，简洁明快，赏心悦目，让食用者一目了然，领会西点师的创作意图。例如，制作一款结婚蛋糕，首先要考虑它的结构安排，考虑每一层之间的比例关系，其次考虑色调搭配。尤其在装饰时要用西点的特殊手法体现出西点师设想的构图，从而用蛋糕烘托出纯洁、甜蜜的新婚气氛。

三、口味清香，甜咸酥松

西点不仅营养丰富，造型美观，而且具有品种变化多、应用范围广、口味清香、口感甜咸酥松等特点。

在西点制品中，无论是冷点心还是热点心，甜点心还是咸点心，都具有味道清香的特点，这是由西点的原材料决定的。通常所用的主料有面粉、奶制品、水果等，这些原料自身具有芳香的味道。其次是加工制作时合成的味道，如焦糖的味道等。

甜制品以蛋糕为主，有90％以上的点心制品要加糖，客人饱餐之后吃些甜制品，会感觉更舒服。咸制品以面包为主，客人吃主餐的同时会有选择地食用一些面包。

总之，一道完美的西点应具有丰富的营养价值、完美的造型和合适的口味。

第二章

主要原料知识

第一节　面　　粉

面粉由小麦加工而成，是制作糕点、面包的主要原料。

一、小麦

1. 小麦的品种

小麦因产地、颜色、性质及播种季节等各种因素的不同分类如下：

（1）按不同产地分类，有美国小麦、加拿大小麦、澳大利亚小麦、阿根廷小麦等。

（2）按不同表皮颜色分类，有红、棕、白三种小麦，如加拿大曼尼托巴（Manitoba）小麦为棕色，美国硬质小麦为红色，澳大利亚小麦则为白色。

（3）按不同播种季节分类，有春麦和冬麦。春麦是春天播种、秋天收割的小麦；冬麦是秋冬播种、第二年春夏收割的小麦。

（4）按不同硬度分类，有硬小麦和软小麦。横断面呈玻璃质状的为硬小麦，呈粉状的为软小麦。

小麦的硬度相差很大，以硬度为标准则可分成特硬麦、硬麦、半硬麦和软麦四种。硬度通常与强度正相关，硬度高的小麦比硬度低的小麦更为通用。小麦的硬度不完全由其所含水分来决定，非常干的小麦其胚乳可能软而呈粉质，硬麦虽然水分增加，但依然为坚硬的玻璃质。

特硬麦的面粉不适于制作面包，而主要用于磨制沙子粉来制造通心面等，因它含有高量的麦芽糖，如少量加入其他小麦中磨成面粉，则可增加面粉的气体产生力。阿尔及利亚小麦、印度小麦等均属特硬小麦。

硬麦通常为强力小麦，其面粉大量用于制作面包。此种面粉粒度较粗，富流动性，如不需用强度很大的面粉，可配入强度较小的小麦面粉调节。加拿大的曼尼托巴小麦和美国的春红麦均属硬麦。

半硬麦具有中等强度，其面粉即使配以强力小麦或薄力小麦的面粉，亦不会使强度相差很大。半硬麦通常具有美好的香味、颜色及较高产粉率，其面粉可用于制作面条、馒头等。阿根廷小麦、澳大利亚小麦及美国的硬冬麦等均属半硬麦。

软麦通常为强度较低的小麦，即薄力小麦，适用于磨制饼干面粉，亦可配以中强力小麦粉，以提高强度。此种小麦香味极佳，面粉颜色洁白。美国白麦及英国小麦均属软麦。

红麦多属硬麦，为高蛋白质小麦。白麦多属软麦，为低蛋白质小麦。春麦的蛋白质含量高于冬麦。一粒小麦中，越靠近麦皮部位蛋白质越多，颜色较黄；反之，越靠近麦中心部位蛋白质越少，颜色越白。所以洁白面粉通常为低筋粉或麦心粉。

2. 小麦的结构

（1）麦芒。在麦粒的一端呈细丝状，与麦芽所在的一端相对。

（2）麦皮。主要由木质纤维及易溶性蛋白质组成。麦皮外层（包括麦粒皮及外果皮）纤维最多；中层（包括内果皮）纤维较少，有色体成分较多；内层（包括胚珠层及糊粉层）纤维最少，蛋白质最多，但灰分含量很高。

（3）麦芽。在麦粒的一端，与麦芒相对，是小麦发芽与生长的器官，呈淡黄色，细胞小而紧密，含有氮、矿物质、盐类及脂类。

（4）胚乳。胚乳是制造面粉的主要成分。细胞膜本无色，但因含有淀粉，故呈白色或玻璃色彩而略带黄色。越近麦粒中心的胚乳其面筋质含量越少，含面筋质最多的胚乳是靠近麦皮的糊粉层。越近麦粒中心的胚乳，其光彩越暗，细胞极小，细胞膜很薄，内含淀粉及面筋质。

一粒小麦中胚乳所占的重量约为85%，麦芽约占2.5%，麦皮约占12.5%，因小麦品种不同，各部位所占的重量百分比亦有所不同。

3. 世界优质小麦

（1）加拿大占全国总产量95%的曼尼托巴小麦因其优质而闻名于世。这种小麦是含面筋蛋白成分最高的春麦（11%~15%），生长在曼尼托巴、亚伯达、萨克贝连的草原区。麦粒为红色，胚乳透明，磨成的面粉有良好的延展性及弹性，是制作面包的最佳材料。而生长在加拿大东部的冬麦，磨成的面粉蛋白质含量只有8%~10%，只适于制作蛋糕和饼干。

（2）美国小麦品种多，等级划分严格，适合不同用途：

1）硬红冬麦，在堪萨斯州、得克萨斯州栽种，属高产量品种，含蛋白质9.6%~14.8%，适合制作松软面包。

2）软红冬麦，在俄亥俄州、密苏里州、伊利诺伊州、印第安纳州及西北部近太平洋地区栽种，含蛋白质8.8%~11.1%，适合制作蛋糕、派、饼干等制品。

3）硬红春麦，在明尼苏达州栽种，含蛋白质10.5%~12.4%，品质近似加拿大曼尼托巴小麦，可制作优质面包。

4）白麦，在密歇根州、纽约州、华盛顿州等多州栽种，含蛋白质8%~10%，品质近似加拿大冬麦，适合与其他面粉混合，制作蛋糕、饼干等。

（3）阿根廷小麦蛋白质含量为10%~11%，多用作混合高强度面粉。

（4）澳大利亚小麦蛋白质含量为8%~11%，属中等强度至软质的产品，磨成面粉则以颜色洁白著称，多与加拿大曼尼托巴小麦混合用。

（5）匈牙利一向以生产优质面粉而闻名。面粉颜色洁白，稳定性高，曾以制作维也纳面包而著称于世。

4. 影响小麦品质的因素

（1）生长期传染病。小麦有可能受传染病菌感染而生锈病，以致颗粒收缩紧皱，影响面粉质量。

（2）寒霜。麦粒成长初期遇到寒霜，成熟后所生产的面粉制作的面包，色较深，结构差。

（3）潮湿。小麦成熟期遇到潮湿天气，会使产量降低，颗粒萌芽，影响磨成的面粉品质，又因含水量高，而影响产粉率。

（4）机械损伤。小麦多用机械收割，若机械操作不当，会使小麦根部受到严重伤害，降低营养和产量。

（5）干燥法不当。为避免颗粒发霉，多用人工干燥法使麦粒干燥，使其含水量不超过15%；但温度过高又会使麦粒褪色，所含的蛋白质受到破坏。

（6）储存期温度过高。麦粒在潮湿粮仓中，呼吸速度会加快，导致温度升高，加上空气不流通，麦粒颜色可变棕色。

（7）昆虫侵蚀。麦粒生虫，会影响面粉香味。

决定小麦品种的最重要因素就是麦粒的软硬度及蛋白质含量的高低。小麦颗粒越结实，产粉率也越高。如果每100 kg麦粒能生产75 kg的面粉即为优质品种。小麦粒

形状近圆球状，腹沟较浅，麦皮、麦芽的体积比例小，含水量低于 15%，收缩紧皱及不完整麦粒少，植物性杂质（其他颗粒、杂草、植物残余碎片）、动物性杂质（昆虫及其分泌物、脱落外毛等）、其他杂质（碎石、灰尘、土粒、金属碎片）含量低的是质优的小麦。

5. 小麦磨成面粉的过程

（1）麦粒净化。小麦收获后用机械脱下麦粒，装袋进厂，利用升降机及机械输送，把来自各方的麦粒储存在粮仓中，再经专门人员挑选分类，进行杂质处理（因小麦中的杂质一方面会损毁磨粉机械，另一方面会影响面粉质量）。处理的方法有：用麦筛筛去麦秆、破皮、石头、麻草等碎片；用分麦机除去大麦、燕麦、黑麦谷粒；用风力分离机，根据密度的不同，除去灰尘等轻小杂质；用磁铁吸去磁性金属；用水洗机将沙砾及非磁性金属杂质除去；用干式机的摩擦力除去麦粒上的杂质；用洗麦机清洗麦粒上的小毛簇及附着的污物，特别是麦粒腹上的污渍，若有黑穗病则加入石灰清洗。

（2）麦粒调质。为使随后而来的磨粉工作更顺利和提高出粉率，必须对各类的麦粒加水调温，这个过程称为调质。方法是把净化后的麦粒用水浸泡 18~72 h 使其变韧，麦皮呈扁平状，易被筛出。加水要分多次将水呈雾状喷出。同时，还要对麦粒进行温度调节。方法是先将麦粒加热到 42~45 ℃，再冷却至室温，最后清洗颗粒，用风力把壳和粒分离之后，即可送去磨粉。

（3）磨粉。小麦粒经过精选与加水调温以后，即可使麦皮、胚乳及麦芽三者分离磨粉。因为胚乳与麦皮结合紧密，所以分离时要小心，尽量减少破坏，剥刮干净，以免浪费。

磨粉的过程分为粗磨、清粉及细磨。粗磨是用两个有刻齿的钢辊轴以相向而不同速度转动（上辊轴比下辊轴快 2.5 倍），将小麦粒的外皮轻度裂开，取出粗粒和平而大的片状麦皮。清粉是用精洗机，利用风力保留纯净的胚乳粒，轻的麦皮随着注入的风力而上浮，余下较重的便是胚乳粉料。细磨是经过光辊磨粉机压扁胚乳，把它磨成细粉。在细磨中，被压扁的麦芽经麦芽分离机而释出（这是从前石磨不能做的工作），细颗粒成了低优面粉；粗糙碎片再加工，除去麦芽，磨细成细碎片，再把细碎片磨成上优面粉。

6. 麦粒的产物

（1）面粉

1）统粉。统粉是把全部经研磨系统取得的粉集中均匀混合包装形成的面粉。这种粉有 27% 的产粉率。

2）分级面粉。分级面粉是根据粗细程度分级包装的面粉。其中特级只有 40%

的产粉率。

3）清粉。清粉是分级面粉余下粉。

4）全麦粉。全麦粉是用石磨磨成的麦粉，不易把麦芽及麦皮除去，故得100%全麦粉，筛分后可生产95%的麦粉。

（2）麦皮。麦皮占全部麦粉的14%。

（3）麦芽。麦芽占全部麦粉的14%。

二、面粉

1. 面粉的种类

在面点制作中，面粉通常按蛋白质（或面筋）含量多少来分类，一般分为3种基本类型。

（1）高筋面粉。高筋面粉又称强筋面粉或面包粉，其蛋白质和面筋含量高。蛋白质含量为12%~15%，湿面筋值在35%以上。最好的高筋面粉是加拿大产的春小麦面粉。高筋面粉适于制作面包、起酥点心、泡芙点心和特殊油脂调制的酥饼等。

（2）低筋面粉。低筋面粉又称弱筋面粉或糕点粉，其蛋白质和面筋含量低。蛋白质含量为7%~9%，湿面筋值在25%以下。英国、法国和德国的弱筋粉均属于这类面粉。低筋面粉适于制作蛋糕、甜酥点心、饼干等。

（3）中筋面粉。中筋面粉是介于高筋面粉与低筋面粉之间的一类面粉。蛋白质含量为9%~11%，湿面筋值为25%~35%。美国、澳大利亚产的冬小麦面粉和我国的标准粉等普通面粉都属于这类面粉。中筋面粉适于制作水果蛋糕、肉馅饼等，也可以用于面包的制作。如用于发酵面团，则面团中的筋力足以支撑面团内部产生的气体和压力，并使成品内部组织不过分坚韧，能保持面包制品的膨胀和柔软性。

2. 面粉的性能

面粉在西点制作中的工艺性能主要由面粉中所含淀粉和蛋白质的性质决定。

（1）淀粉的物理性质。面粉中的淀粉不溶于冷水，具有受热糊化、颗粒膨胀的性质。淀粉在常温下物理性质基本没有变化，如水温在50℃以下时，吸水和膨胀率很低，黏度变化不大。但当水温至53℃以上时，其物理性质发生明显改变，即出现溶于水的膨胀糊化。淀粉在高温下溶胀，分裂形成均匀糊状溶液的特性，称为淀粉的糊化。淀粉的糊化作用能提高面团的可塑性。

碳水化合物可填充在蛋白质中间，调校面筋浓度，亦可作为蛋白质附着点，促使面筋的形成；碳水化合物在制品烘烤中能逐渐吸收面筋中的水分而起胶化作用，形成

制品支架，出炉后气体渗出，形成多孔疏松的产品。

此外，在发酵面团中，淀粉在淀粉酶和糖化酶的作用下可转化成糖，给酵母提供食物以进行发酵，这种转化糖的能力称为面粉的糖化力。面粉的糖化为面团中酵母的生长提供了养分，从而提高了面团发酵过程中产生二氧化碳气体的能力。发酵面团的这种产气性能又称为面团的产气能力，产气能力取决于面粉的糖化力。一般来说，在使用同种酵母和相同的发酵条件下，面粉糖化力越强，面团产气越多，制出的面包体积越大。

（2）蛋白质的物理性质。面粉中蛋白质的种类很多，其中麦胶蛋白和麦谷蛋白在常温水的作用下，经过物理搅拌，形成黏结而具弹性的网络组织——面筋质，成为面坯支架。

面筋质具有弹性、延伸性、韧性和比延性，这些特性对改善面团物理性能具有重要的作用。但当水温在 60~70 ℃时，蛋白质受热开始变性，面团逐渐凝固，筋力下降，面团的弹性和延伸性减弱。

此外，面粉中的极性脂类与蛋白质结合能形成稳定的气室，包围气体，增加烘焙食品的弹性，与淀粉结合可保持产品的新鲜。如果面粉储存在高温潮湿的地方，脂肪会水解而败坏面粉，从而使制成的面团缺乏弹性、容易断裂、保留气体能力减弱，影响制品的体积和风味。

3. 面粉的用途

西点用的面粉主要是白面粉，它来自麦粒的胚乳部分。全麦面粉仅除去了麦皮最粗糙的部分，几乎保留了麦粒的 90%。黑面粉基本上不含麦皮，保留了麦粒的 80%～85%。除小麦面粉外，国外某些西点品种中还使用了大麦粉、燕麦粉、黑麦粉、米粉和玉米粉。玉米粉常用于馅料增稠或掺和于面粉中，来降低面粉的筋度。

根据需要，不同品种的面粉可单独使用，也可以掺入其他原料后使用。西点中的水调面团、混酥面团、面包面团等都是以面粉为主要原料，掺入其他原料而制成的。由于淀粉和蛋白质成分的存在，面粉在制成品中起着"骨架"作用，能使面坯在成熟过程中形成稳定的组织结构。

4. 面粉的品质检验与保管

（1）面粉的品质检验。面粉的品质主要从面粉的含水量、颜色、蛋白质、新鲜度、纯度等方面加以检验。

1）含水量。面粉的含水量与面粉储存和调制面团时的加水量有密切关系。检验面粉含水量可用仪器测定，也可用感官方法鉴定，在实际工作中多采用后者。面粉的吸水量高，可降低制作成本，符合经济原则；但成品储存期可因含水量低而延长。

2）颜色。不同等级和种类的面粉，其颜色虽可不同，但应符合国家规定的等级标准。面粉的颜色随着面粉加工精度的不同而不同，加工精度越高，面粉颜色越白，但维生素含量越低。面包的颜色取决于面粉的颜色，所以若想制品洁白，便要选择白色面粉（这种面粉多由麦粒的中心部分制成）。

3）蛋白质。良好、足够的蛋白质能构成坚实的蛋白质网络，以容纳酵母发酵时产生的二氧化碳气体，提高面包的松软度。

4）新鲜度。在实际工作中，面粉新鲜度的检验一般采用鉴别面粉气味的方法来进行。新鲜的面粉有清淡的香味，气味正常，而陈面粉则带有酸味、苦味、霉味、腐败臭味等。

5）纯度。应选杂质含量少、品牌统一的面粉。

（2）面粉的保管。一般来说，面粉在保管中应注意保管的温度调节、湿度控制及避免环境污染等。

1）面粉保管的环境温度以 18~24 ℃最为理想，温度过高，面粉容易霉变。因此，面粉要放在温度适宜的通风处。

2）面粉具有吸湿性，如果储存在湿度较大的环境中，就会吸收周围的水分，膨胀结块，发霉发热，严重影响质量。因此，要注意控制面粉保管环境的湿度。一般情况下，面粉在 55% ~65% 的湿度环境中保管较为理想。

3）面粉有吸收各种气味的特点，因此，保管面粉时要避免同有强烈气味的原料存放在一起，以防染上异味。

第二节 油 脂

一、油脂的种类

油脂是西点制品的主料之一。面包、点心制作中常用的油脂有天然黄油、人造黄油、起酥油、植物油等，其中天然黄油的用途最广。但为提高制品工艺性能，满足某些制品的特殊要求，人造黄油也越来越多地被人们采用。

1. 天然黄油（butter）

天然黄油又称"奶油""白脱油"。它是从牛乳中分离加工出来的一种比较纯净的脂肪。常温下，天然黄油为浅黄色固体，遇高温软化变形，其含脂率在80%以上，熔点为28~33 ℃，凝固点为15~25 ℃，具有奶脂香味。它还含有丰富的蛋白质和卵磷脂，具有亲水性强、乳化性能好、营养价值高的特点。它能增强面团的可塑性、成品的酥松性，使成品内部松软滋润。

2. 人造黄油（margarine）

人造黄油是以氢化油为主要原料，添加适量的牛乳或乳制品、香料、乳化剂、防腐剂、抗氧化剂、食盐和维生素，经混合、乳化等工序而制成的。它的乳化性、熔点、软硬度等可根据各种成分配比来调控，一般的人造黄油熔点为35~38 ℃。人造黄油具有良好的延伸性，其风味、口感与天然黄油相似。

3. 起酥油（shortening）

起酥油是指精炼的动植物油脂、氢化油或这些油脂的混合物，经混合、冷却、塑化而加工出来的具有可塑性、乳化性等加工性能的固态或流动性的油脂产品。起酥油一般不直接食用，是食品加工的原料油脂。起酥油种类很多，有高效稳定起酥油、溶解起酥油、流动起酥油、装饰起酥油、面包起酥油、蛋糕用液体起酥油等。它有较好的可塑性、起酥性。

4. 植物油（vegetable oil）

植物油中主要含有不饱和脂肪酸，常温下为液体，其加工工艺性能不如动物油脂，一般用于油炸类制品和一些面包的生产。目前饭店中常用的植物油有色拉油、花生油等。

二、油脂的性能

油脂具有疏水性和游离性，在面团中能与面粉颗粒表面形成油膜，阻止面粉吸水，阻碍面筋生成，使面团的弹性和延伸性减弱，而疏散性和可塑性增强。油脂的游离性与温度有关，温度越高，油脂游离性越大。在食品加工中，正确运用油脂的疏水性和游离性，制定合理的用油比例，有利于制出理想的产品。

三、油脂的作用

1. 增加营养，补充人体热能，增进食品风味。
2. 增强面坯的可塑性，有利于点心的成型。

3. 调节面筋的胀润度，降低面团的筋力和黏性。

4. 保持产品组织的柔软，延缓淀粉老化时间，延长西点的保存期。

四、常用油脂的品质检验

在实际工作中，油脂的品质检验一般多用感官判断。

1. 色泽

品质好的植物油色泽微黄，清澈明亮。质量好的黄油色泽淡黄，组织细腻光亮，奶油则洁白、有光泽、较浓稠。

2. 滋味

植物油应有植物本身香味，无异味和哈喇味。黄油和奶油应有新鲜的香味，爽口润喉的感觉。

3. 气味

植物油应有植物清香味，加热时无油烟味。动物油有其本身特殊香味，要经过脱臭后方可使用。

4. 透明度

植物油无杂质、水分，透明度高。动物油熔化时清澈见底，无水分析出。

五、油脂的保管

食用油脂若保管不当，品质非常容易发生变化，其中，最常见的是油脂酸败现象。为防止油脂酸败现象的发生，油脂应保管在低温、避光、通风处，避免与杂质接触，尽量减少存放时间以确保油脂不变质。

第三节　糖

一、糖的种类

糖在西点中的用量很大，常用的糖及其制品有蔗糖（cane sugar）、糖浆、蜂蜜、饴糖、糖粉等。

根据原料加工程度的不同，西点常用的蔗糖类原料有白砂糖、绵白糖、红糖等。

1. 白砂糖（granulated sugar）

白砂糖简称砂糖，是西点使用最广泛的糖。白砂糖是从甘蔗或甜菜中提取糖汁，经过过滤、沉淀、蒸发、结晶、脱色、干燥等工艺而制成的。白砂糖为白色粒状晶体，纯度高，蔗糖含量在99%以上。

白砂糖按其晶粒大小又有粗砂糖、中砂糖、细砂糖之分。

2. 绵白糖（fine sugar）

绵白糖是由细粒的白砂糖加适量的转化糖浆加工制成的。绵白糖质地细软，色泽洁白，具有光泽，甜度较高，蔗糖含量在97%以上。

3. 蜂蜜（honey）

蜂蜜是由花蕊的蔗糖经蜜蜂唾液中的蚁酸水解而成的。蜂蜜的主要成分为转化糖，含有大量果糖和葡萄糖，味极甜。

由于蜂蜜为透明或半透明的黏稠体，带有芳香味，在西点制作中一般用于有特色的制品。

4. 饴糖（maltose）

饴糖又称糖稀，一般以谷物为原料，利用淀粉酶或大麦芽酶的水解作用制成。饴糖一般为浅棕色的半透明的黏稠液体，其甜度不如蔗糖，但能代替蔗糖使用，多用于派类等制品中，还可作为点心、面包的着色剂。饴糖的持水性强，具有保持点心、面包柔软性的特点。

5. 葡萄糖浆（glucose syrup）

葡萄糖浆又称为淀粉糖浆。它通常是用玉米淀粉加酸或加酶水解，经脱色、浓缩而制成的黏稠液体。其主要成分为葡萄糖、麦芽糖、糊精等，易为人体吸收。在制作糖制品时，加入葡萄糖浆能防止蔗糖的结晶返砂，从而有利于制品的成型。

6. 糖粉（icing sugar）

糖粉是蔗糖的再制品，为纯白色粉状物，味道与蔗糖相同。糖粉在西点中可代替白砂糖和绵白糖使用，也可用于点心的装饰及制作大型点心的模型等。

二、糖的性能

糖类原料具有易溶性、渗透性和结晶性。

1. 易溶性

易溶性又称溶解性，是指糖类具有较强的吸水性，极易溶解在水中。糖类的溶解性一般以溶解度来表示，不同种类的糖其溶解度不同，果糖最高，然后是蔗糖、葡萄糖。糖的溶解度随温度的升高而增加。

2. 渗透性

渗透性是指糖分子很容易渗透到吸水后的蛋白质分子或其他物质中间，并把已吸收的水排挤出去形成游离水的性能。糖的渗透性随着糖液浓度的升高而增加。

3. 结晶性

结晶性是指在浓度高的糖水溶液中，已经溶化的糖分子又会重新结晶的特性。蔗糖极易结晶，为防止糖类制品的结晶，可加入适量的酸性物质。因为在酸的作用下部分蔗糖可转化为单糖，单糖具有防止蔗糖结晶的作用。

三、糖的作用

1. 增加制品甜味，提高营养价值

糖在西点制品中具有增加甜味的作用，不同种类的糖其甜度不同，如以蔗糖的甜度为 100，则果糖为 173，葡萄糖为 74，饴糖为 32。糖在西点中的营养价值在于它的发热量，如 100 g 糖在人体内可产生 1.67 kJ 热量。

2. 改善点心的色泽，美化点心的外观

蔗糖具有在 170 ℃以上产生焦糖的特性，因此，加入糖的制品容易产生金黄色或黄褐色。此外，糖及糖的再制品（如糖粉）对点心成品的表面装饰也有重要作用。

3. 调节面筋筋力，控制面团性质

糖具有渗透性，面团中加入糖，不仅可吸收面团中的游离水，而且还易渗透到吸水后的蛋白质分子中，使面筋蛋白质中的水分减少，面筋形成度降低，面团弹性减弱。每增加 1%的糖量，面粉吸水率就降低 0.6%左右。所以说，糖可以调节面筋筋力，控制面团的性质。

4. 调节面团发酵速度

糖可作为发酵面团中酵母菌的营养物，促进酵母菌的生长繁殖，产生大量的二氧化碳气体，使制品膨大疏松。加糖量对面团发酵速度有影响，在一定范围内，加糖量多，发酵速度快，反之则慢。

5. 防腐作用

对于有一定糖浓度的制品（如各种果酱等），糖的渗透性能使微生物脱水，发生细胞的质壁分离，产生生理干燥现象，使微生物的生长受到抑制，能减少微生物对糖制品造成的腐败。因此，糖含量高、水分含量低的制品，存放期长。

四、糖的品质检验

1. 白砂糖

优质白砂糖色泽洁白、明亮，晶粒整齐、均匀、坚实，无水分和杂质，还原糖的含量较低，溶解在水中清澈、透明，无异味。

2. 绵白糖

优质绵白糖色泽洁白，晶粒细小，质地绵软，易溶于水，无杂质、异味。

3. 蜂蜜

优质蜂蜜色淡黄，为半透明的黏稠液体，味甜，无酸味、酒味和其他异味。

4. 饴糖

优质饴糖为浅棕色的半透明黏稠液体，无酸味和其他异味，洁净无杂质。

5. 淀粉糖浆

优质淀粉糖浆为无色或微黄色，透明，无杂质，无异味。

五、糖的保管

糖很容易受外界温度的影响，特别是西点常用的白砂糖、绵白糖，在保管中易发生吸湿溶化和干缩结块现象。

糖的吸湿溶化是指在湿度较大的环境中，糖能吸收空气中的水分，出现糖发黏的现象。糖的吸湿性与糖中所含还原糖、灰分的多少有密切关系。

糖的干缩结块是指糖受潮后的另一变化。受潮后的糖，在干燥环境中保存时，糖表面水分散失，糖重新结晶。糖的这一现象能使松散的糖粒粘连在一起，形成坚硬的糖块。

为防止蔗糖在保管中的吸湿溶化和干缩结块，蔗糖应保存在干燥、通风、无异味的环境中，并注意保管环境的温度、湿度及清洁。同时要防蝇、防鼠、防尘、防异味。糖若放在容器中，要加盖或用防潮纸、塑料布等隔潮，以防外界潮气的侵入。此外，糖粉要避免在重压或温差大的环境中存放。蜂蜜、饴糖、淀粉糖浆则要密封保管，防止污染。

第四节　蛋　　品

一、蛋品的种类

蛋品是生产西点的重要原料，常见的蛋品主要包括鲜鸡蛋、冰蛋和蛋粉。在面点制作中使用最多的是鲜鸡蛋。

1. 鲜鸡蛋（fresh egg）

鲜鸡蛋是饭店、宾馆、饼屋等小型西式面点生产场所使用的主要蛋品，能用于各类西点的制作，是西点重要原料之一。

2. 冰蛋（frozen egg）

冰蛋又称冻蛋，多用于大型西点生产企业。冰蛋多采用速冻制取，速冻温度在 –20 ℃以下。将盛装冰蛋的容器放在冷水中解冻后即可使用。由于速冻温度低，冻结快，蛋液中的胶体特性不易被破坏，保留了鸡蛋的工艺特性。但解冻后的蛋液重冻或冰蛋的储存时间过长将会影响制品的质量。

3. 蛋粉（egg powder）

蛋粉分为全蛋粉和蛋清粉。蛋粉比鲜鸡蛋储存期长，多用于大型生产或特殊制品。蛋粉的起泡性不如鲜鸡蛋，不宜用来制作海绵蛋糕。

二、鸡蛋的性能

鸡蛋在西点工艺中的性能，主要体现在下述几个方面：

1. 乳化性

蛋的乳化性主要是蛋黄中卵磷脂的作用，卵磷脂具有亲油性和亲水性的双重性质，是非常有效的乳化剂，因此，加入鸡蛋的西点组织细腻、质地均匀。

2. 蛋白的起泡性

蛋白的起泡性是指蛋白能把机械搅打过程中混入的空气包围起来形成泡沫，使蛋液体积增大的性质。在一定条件下，机械搅打越充分，蛋液中混入的空气越多，蛋液的体积越大。蛋白的这种性能对物理搅拌法制成的制品质量有很大影响。

3. 黏结作用

蛋品中含有丰富的蛋白质，蛋白质受热凝固，能使蛋液黏结面团，产品成熟时不会分离，保持产品的形态完整。

三、鸡蛋在西点制作中的作用

1. 提高制品营养价值

鸡蛋中含有大量蛋白质、脂肪、矿物质和多种维生素，是人体不可缺少的营养物质。

2. 增加制品的蛋香味

点心、面包中加入鸡蛋，可以使制品增加鸡蛋固有的香味。

3. 改善点心色泽、保持制品的柔软性

点心、面包入炉前在表面涂抹蛋液，不仅能改善制品表皮的色泽，产生光亮的金黄色或黄褐色，而且能防止点心、面包内部水分的蒸发，保持制品的柔软性。

4. 改进制品内部组织状态

蛋白的发泡性可增大制品的体积，有利于点心内部形成蜂窝结构，提高疏松性。

四、蛋的品质检验

蛋的品质好坏取决于蛋的新鲜程度。鉴别蛋的新鲜程度一般有4种方法，即感官检验法、振荡法、密度法、光照法。感官检验法多用于食品加工中，主要从以下4个方面进行鉴定。

1. 蛋壳状况

新鲜蛋蛋壳壳纹清晰，手摸发涩，表面洁净而有天然光泽。

2. 蛋的重量

对于大小相同的蛋，重的为新鲜蛋，轻的为陈蛋。

3. 蛋的内溶物状况

新鲜蛋打开倒出，内溶物黄、白系带能完整地各居其位，且蛋白浓厚、无色、透明。

4. 气味和滋味

新鲜蛋打开倒出，内溶物无不正常气味，煮熟后蛋白无味、色洁白，蛋黄味淡而香。

五、蛋的保管

引起蛋类变质的原因主要有储存温度、湿度、蛋壳气孔及蛋内的酶。因此，保管时必须设法闭塞蛋壳气孔，防止微生物侵入，同时注意保持适宜的温度、湿度，以抑制蛋内酶的作用。

保管鲜蛋的方法很多，饭店一般采用冷藏法，温度不低于 0 ℃，湿度为 85%。此外，为保持蛋的新鲜，储存时不要与有异味的食品放在一起，不要清洗后储存，以防破坏蛋壳膜，引起微生物侵入。为保持蛋的新鲜，不管采用哪种方法，存放时间都不宜过长。

第三章

第一节　操作间的整理及个人卫生

一、操作间卫生

1. 面点操作间的基本环境卫生

（1）操作间干净，明亮，空气流通，无异味。

（2）全部物品摆放整齐。

（3）机械设备（和面机、压面机、绞馅机等）、工作台（案台、墩子）、工具（面杖、刀剪、罗、秤等）、容器（缸、盆、罐等）做到木见本色、铁见光，保证没有污物。

（4）地面保证每班次清洁一次，灶具每日打扫一次。

（5）屉布、带手布要保证每班次严格清洗一次，并晾干。

（6）冰箱内外要保持清洁、无异味，物品摆放有条不紊。

（7）严禁在操作时吸烟。

（8）不得在操作间内存放私人物品。

2. 工作台的清洗方法

（1）先将案台上的面粉用扫帚清扫干净，并将面粉过罗倒回面桶。

（2）用刮刀将案台上的面污、黏着物刮下并扫净。

（3）用带手布或板刷带水将案台上的黏着物清洗干净，同时将污水、污物抹入水盆中，此时绝不能让污水流到地面上。

（4）最后再用干净的带手布将案台擦拭干净。

3. 地面的清理方法

（1）先将地面扫净，倒掉垃圾。

（2）将墩布沾湿后，拧去墩布表面的水分，按次序、有规律地擦拭地面。

（3）擦拭地面时，要注意擦拭案台、机械设备、物品柜的底部，不留死角。

（4）擦拭地面应采用"倒退法"，以免踩脏刚刚擦拭的地面。

4. 带手布的清洁方法

（1）先用洗涤物品洗净带手布。

（2）将带手布放入开水中煮 10 min（如油污较多，可在水中放适量碱面）。

（3）将带手布放入清水中清洗干净。

（4）将洗干净的带手布拧干水分，于通风处晾晒。

二、个人着装

1. 总体要求

干净、整齐、不露发迹，工作服、工作帽穿戴整齐，系好风纪扣。男不留胡须，女不染指甲。

2. 基本着装

基本着装如图 3-1~ 图 3-6 所示。

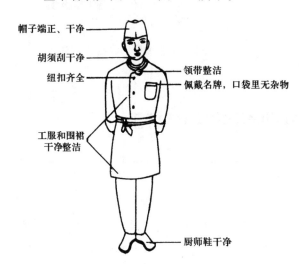

图 3-1　男厨师正确着装（正面）

图 3-2　女厨师正确着装（正面）

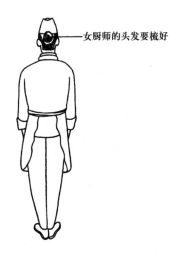

图 3-3　女厨师正确着装（背面）

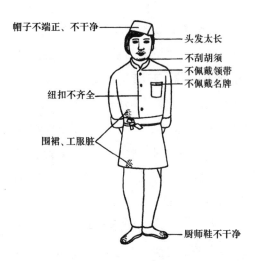

图 3-4　男厨师错误着装（正面）

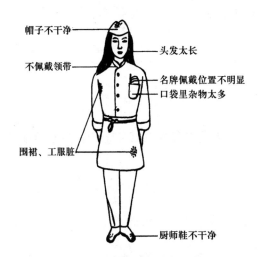

图 3-5　女厨师错误着装（正面）

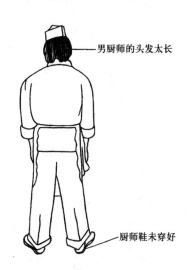

图 3-6　男厨师错误着装（背面）

第二节　常见辅助原料的初步加工

　　西式面点的制作离不开原料，除了必需的面粉、油脂、蛋、乳及乳制品之外，还必须有其他辅助原料，才能制作出高质量的西式面点。因此，在西式面点的生产中各种辅助原料的准备、加工、调制等工作就显得尤为重要。

　　在西式面点生产制作中，所用的辅助原料极为广泛，最常用的辅助原料有干果类、鲜果类、罐头制品。正确掌握各种辅助原料的性能和加工方法，对在实际工作中的运用和操作都有重要意义。

一、干果类（nuts）

干果在西式面点制作中广泛应用于各式面包、甜点、饼干、布丁及各种派类、塔类，也常用于馅类甜品之中。干果的品种繁多，常用的有核桃仁、花生、杏仁（杏仁片）、榛子、开心果、腰果、松子、板栗、瓜子仁等。通常情况下，在西式面点制作中葡萄干、西梅干、无花果干及其他干鲜果品的再制品（果脯）也归入干果类。

1. 加工方法

在西点中，干果类辅助原料除可直接食用外，还可以经加工后作西点的主料、面包的配料、甜点的配汁以及装饰巧克力果仁糖等。其加工方法一般依据品种要求和质量来确定，最常见的加工方法有以下几种：

（1）油炸。大多数的干果经油炸后都可直接食用，如油炸花生米、油炸腰果仁等。应注意的是，绝大部分的干果都属油类食品，本身含油量高，因此在加工过程中首先要掌握好油炸的温度；其次，要根据干果品种和形状大小的不同，以及本身含水量、含油量的高低合理掌握油炸时间的长短。

（2）烘烤。干果经烘烤后不仅可以直接食用，而且味道更加香浓、酥松。在西方，许多干果经烘烤后直接食用，而且作为饮酒的小吃更受欢迎。

干果在烘烤时应掌握烤箱的温度，根据干果的种类、湿度、形状大小、含油量的高低合理地选择温度是十分重要的。一般来说，烘烤干果的烤箱温度为 180~200 ℃。温度过高，干果内部还未受热变酥，干果外表已受热变焦，影响干果的品质和口味；温度过低，干果在烤箱内烘烤时间加长，极易使干果内部油脂因受热外溢，这样的成品不仅口感发硬，而且没有干果的香味。

在许多情况下，在烘烤果仁时往往加入一些调味品来增加干果的风味。例如，在烘烤"什锦果仁"时，往往先用清水把果仁洗一下，然后控干水分，在果仁本身仍潮湿时，用蛋清拌入少许的糖、盐、辣椒粉、孜然粉、姜黄粉等调料，在果仁外面裹薄薄一层，然后再烘烤。这样烘烤后的果仁不仅味道更加鲜美，而且颜色也美观。

（3）磨粉和切碎。在西式面点制作中，许多甜点都要以某些干果作为主料或配料，如榛子奶油蛋糕、杏仁蛋糕、核桃布丁等。在这些甜点的制作中，都是将所用的干果磨成粉或切碎后使用。

将干果磨成粉可用机器或人工。近年来随着食品工业的发展，大部分的干果原料

都已工业化生产。现今许多星级饭店大都直接购进干果粉成品或半成品。

用机器磨粉较简单方便，一般在食品打碎机或食品磨碎机上即可进行。要注意的是，在加工过程中速度不要过快，否则强大的机械力很容易使果仁出油。为了尽量避免加工过程中果仁的出油，可在果仁磨碎到一定程度时适量加入一些面粉、玉米粉。

用人工磨粉较麻烦，如果没有手工磨碎机，就只能在工作台上用压面棒来压碎了。如果用量不大就用手工压碎。其好处是不易使果仁出油，并能保证达到制品所需要的粉细度。

（4）煮和熬制。干果作为西点的辅助原料，一种常用的加工工艺就是煮或熬制。在西式面点制作中，许多有名的甜品都是将干果煮或熬制后制成的。例如，美洲的核桃派、蜂蜜核桃塔（蜂蜜核桃饼），一般做法是，先将山核桃仁或核桃仁洗干净，控干水分，将其他配料（如蜂蜜、糖、黄油、奶油等）上火煮开，然后将果仁放入再煮5~8 min，冷却后，放入铺有混酥面坯的模具内烘烤。这样，经过一次加热成熟过程后，果仁不仅能保持原有的风味和口感，而且有利于整个成品的成熟。

经过煮制的果仁还可以用作某些甜点的配汁，如香草榛子汁、椰奶杏仁汁等。

熬制过的干果除了可以成为甜点的配料外，还可直接做糖果、装饰品及饼干。如果仁糖、果仁装饰品的制作，是将砂糖和水上火煮，当颜色变成淡黄时离火，将果仁放入搅拌均匀，然后倒在已刷油的大理石工作台上，将其压制成所需的形状和大小，冷却后即成。此方法加工出来的果仁香甜可口、松脆，压碎后更是生产果仁巧克力的上好原料。

（5）腌渍。干果类辅助原料除了上述的加工方法外，还有一种十分常见的加工方法——腌渍法。此方法最早用于西方圣诞节甜点的馅心腌制，后来在许多甜点、面包的馅心或配料中经常采用。如圣诞布丁、英式水果蛋糕等，都用此法制作。

腌渍的具体做法是把所有的干果原料及什锦果皮等放入容器内，加入调味所用的原料（包括酒类、香料），然后拌匀并密封起来。经过一段时间的腌渍后，干果吸收了容器内的香料物质，并开始变软，体积也有所增加。这样，在制成成品后不仅口味香浓，而且成品内部的果料、干果也较柔软入味。

2. 注意事项

干果在加工过程中应注意以下几方面：

（1）应选用无虫蛀、味正、未出过油的优质原料。

（2）干果类原料在油炸、烘烤、磨粉及熬制时，时间都不宜过长，否则会直接影响成品的口味和质量。

（3）在磨碎干果过程中，不可让机器连续长时间、高速度运转，最好用中速或慢速，必要时可放入一些干面粉或玉米粉，以避免干果出油。

（4）直接食用或直接装饰于甜点表面的干果，如果烘烤时不加入其他的调味品，就应去除果仁外面的薄皮。

（5）干果类原料应在干燥通风的地方保存，因为干果类原料吸收水分后极易发生霉变。

（6）加工后的干果制品应及时使用，无法及时使用的应该采用真空保鲜法短期保存。如果随意存放，将影响成品的质量。

二、鲜果类（fresh fruit）

鲜果是各种新鲜水果的总称。鲜果在西式面点的制作中用途极广，可以说在自然界中只要是可食的果实，都适用于西式面点的制作。常用的鲜果有苹果、梨、香蕉、西瓜、橙、橘、草莓、猕猴桃、葡萄、杏、荔枝、樱桃等。

1. 加工方法

根据鲜果的自身性质和所制甜点的特点来选择鲜果的加工方法。一般来讲，在实际工作中最常用到的加工方法有以下几种：

（1）切割成所需形状和大小。作为可直接食用的鲜果，最好还是直接食用，这样不仅能品尝到鲜果的不同果味和质感，还可以最大限度地减少鲜果营养素的损失。

在西方饮食中，鲜果沙拉一直是受人喜爱的甜点。所有的鲜果洗净去皮后，切成大小适合的丁或块，然后拌以柠檬糖水，加入适量的果酒，即可享用。除了制作鲜果沙拉以外，西式面点也少不了对鲜果的利用。利用不同鲜果的色彩，再切割成不同的形状和大小，码放到各类蛋糕的表层，不仅色彩鲜艳，而且风味独特，营养丰富。鲜果作为甜点及面包的装饰，已被大众所接受。

（2）磨碎后制成配汁和配料。选作磨碎配汁和甜点配料的鲜果应是果实鲜嫩、柔软易碎、味道鲜美的果实，如鲜草莓、猕猴桃、杧果、西瓜等。

首先将所用的鲜果洗净去皮，将果实内可食用部分切成小丁，放入食品磨碎机内，搅拌成细碎的果肉汁，然后根据所做甜品的质量要求选择过罗与否。一般情况下，鲜果磨碎后果肉部分和果汁一起使用。用此方法可以制作许多甜点配汁，如草莓汁、杧果汁等。用此方法磨碎的鲜果，也是西点水果慕斯或慕斯蛋糕（如香蕉慕斯蛋糕、香橙慕斯蛋糕等）的主要配料。不仅如此，用此方法磨碎的果汁还是各类水果冰霜、冰

激凌（如西瓜冰霜、猕猴桃冰激凌等）的主要原料。

（3）雕刻。新鲜水果的雕刻艺术由来已久，尤其在东南亚一带盛行。鲜果雕刻已从根本上改变了人类饮食的习惯，使人们从最基本的本能需求飞跃到饮食文化这一精神需求。

鲜果雕刻是利用专门的雕刻工具，在鲜果的外皮上雕刻出各种图案：人物、风景、花鸟鱼虫等。也可以将各类鲜果用专门的工具雕刻出不同的形状、姿态，以展示鲜果的另外一种内涵。雕刻原料一般选用表皮光滑、质软的鲜果，如西瓜、木瓜、哈密瓜等。

鲜果雕刻是一门艺术，需要不断学习、实践，从中掌握技巧、积累经验。

（4）利用加工工具挖圆、削橄榄形。用于鲜果加工的工具很多，应灵活掌握并加以应用。在实际工作中，应用最多的工具就是球形挖匙、椭圆形挖匙。利用这两种工具，不仅能制作出各式鲜水果串，而且用此工具挖出的鲜果球大小一致，形状整齐，适合制作水果沙拉、各式小果塔。另外还有苹果及菠萝去心器，使用去心器可以很方便地去除苹果核以及菠萝的硬心，而不会破坏果实的整体性，这在制作某些水果甜点时尤其重要，如法式苹果塔、红酒烩梨的挖制。

2. 注意事项

鲜果重在鲜。在鲜果的加工过程中，任何不当的操作都会直接影响鲜果的口味、品质，因此在实际操作过程中应注意以下事项：

（1）应选用新鲜的水果，加工时应做到用多少、洗多少、加工多少。

（2）做鲜果沙拉用的鲜果，应有选择地使用，并应采用部分加入法来操作。对于质地较硬、味道甜美的鲜果，如苹果、哈密瓜、菠萝等，可在前一天加工好；而对于一些质软、易碎的鲜果，如草莓、香蕉等，可在供客服务前加入，以保证鲜果的品质。

（3）用于蛋糕表面或甜点装饰的鲜果，无论采用何种加工方法，应以不破坏鲜果自身口味和色彩，最大限度保证营养成分不流失为原则，还应充分利用鲜果的自身特点进行加工。

（4）在将鲜果磨碎制作配汁时，应考虑热加工会造成鲜果内营养素的损失，因此，在加热过程中应尽量缩短受热时间并迅速放在冰水中冷却，以减少营养素的损失。

（5）直接食用的鲜果及鲜果制品，要绝对保证加工过程中餐具、用具、工具的卫生。

（6）鲜果制品加工完成后，应立即加盖保鲜膜，放入恒温冰箱保鲜保存。

三、罐头制品（canned food）

西式面点所用的许多原辅料为罐头制品，既方便了使用者，也延长了原料的保存时间。

常用罐头制品有水果罐头、酱馅类罐头（如花生酱、榛子酱等）及甜点用汁罐头等。

一般情况下，除了直接使用的罐头制品外，作为甜点辅料的罐头制品都要经过初步加工才能用于甜点的制作。

1. 加工方法

（1）切割成型。在西式早餐中，各类罐头水果是不可少的，由于各类罐头内的水果大小、形状不同，就需要在上台服务之前进行简单的再加工。将块大的水果切小，或者切成丁或条形等，一般以食用方便而又不破坏罐头制品的自身口味和营养为原则。

在用于各类甜点的表层装饰和配料时，为了突出甜点的艺术造型，需要将所用的罐头水果进行一些艺术加工。根据所用水果的形状、大小和质地，可用刀切割成不同的形状，如罐头菠萝可加工成"蝴蝶瓣"，罐头桃片可以加工成"草叶形态"等。在操作中应根据所制甜点的要求和罐头水果的种类、品质，灵活加以利用。

（2）炒和煮。许多罐头水果要进行加热处理才能使用。一方面加热可以使罐头水果再经历一次消毒杀菌，另一方面经过加热和其他配料的混合受热，可使罐头水果内部水分出来，成品所需的味道进去，以增强口味和口感。如制作黑森林蛋糕的黑樱桃，在使用之前要先加糖、玉米粉、樱桃酒煮一下，这样不会因黑樱桃内部的水分流失而使整个成品变软，影响成品质量。

在制作某些甜点时，所用的罐头水果还需要加其他调料炒制。美式焦糖苹果派的制作就是这样。具体方法是：先将起酥面压薄，厚约0.5 cm，然后将罐头苹果拿出来，控去汁液，备好一煎锅，放入少许黄油、糖，黄油熔化后将苹果放入，炒至苹果微上色后，加入肉桂粉、白兰地酒。将炒好的苹果块平滑向下码放到刷黄油的模内，然后再撒一些白砂糖、肉桂粉和葡萄干，压上起酥面坯，入炉烘烤。此甜点成品出炉后，倒扣在盘上，起酥面皮在下，金黄色的苹果在上，口味清香，色泽鲜艳。

（3）磨碎。罐头水果的另外一个加工方法是磨碎。磨碎后的果肉和汁不仅是制作水果配汁的原料，也是水果冰霜、冰激凌的原料。

将所用的罐头水果取出，将果实切成小一点的丁或块，以利机器的搅拌磨碎。为了有利于果肉在搅拌机内的运动，可适量加入一些水果罐头汁。根据所制甜品的质量要求，控制好水果磨碎的程度。

一般情况下，为了保证磨碎后的果肉内没有大块，需再过滤一次，以保证质量要求。此方法可制作桃少司、苹果少司等。

罐头制品除以上加工方法外，还有其他的初步加工方法。如某些酱类、馅类的罐头制品，还要和其他原料一同搅拌，在实际操作中应遵循产品使用说明进行。

2. 注意事项

罐头制品在加工过程中应严格遵守产品的保质期，做到过期罐头制品不用、三无产品不用，除此之外还应注意以下事项：

（1）罐头制品打开后，要尽快使用，尽快加工，否则制品很容易变质，失去食用价值。

（2）加工罐头制品时，加工时间不宜过长，以免破坏其内部结构，失去应有的弹性和光泽。

（3）在磨碎过程中，要保证所有用具的卫生，尤其是直接配汁和制作冰霜、冰激凌，更要注意用具的清洁。

（4）罐头制品一经打开，必须倒换至其他不锈钢容器内存放。

第三节 基础馅料的制作工艺

基础馅料是西式面点甜点制作中用途极为广泛的馅料，如奶油酱、黄油酱、克司得酱等。

一、奶油

奶油根据含脂量的不同，可分两种：轻奶油，含脂量一般为18%~36%；重奶油，含脂量一般为37%~50%。奶油按来源不同，又可分为动物脂奶油和植物脂奶油。

动物脂奶油是从鲜牛奶中分离而成的乳制品，一般呈乳白色和浅黄色，半流质状或糊糊状，其乳香味浓，具有丰富的营养价值和食用价值。植物脂奶油是以植物油脂（氢化棕榈油、椰子油等）为主要原料，加入水、甜味剂、乳化剂、稳定剂等其他配料加工而成的。

奶油是西式面点制作最常用的辅助原料之一，它的加工方法多样，用途广泛，不仅可以用于制作各类甜点，还可以用于冷菜汁类、热菜汤类的制作。

1. 打发奶油

打发奶油是西式面点奶油加工方法中最重要的一种，因为原包装的奶油大都呈液体或冷冻固体形态，而甜品的制作大部分需要打发后的奶油，因此打发奶油在一定程度上决定了所制甜品的质量。

不同种类的奶油在调制工艺和方法上也各不相同，因此在制作加工时，应注意区分奶油的种类和性质。

（1）调制植物脂奶油酱的工艺方法及注意事项

1）工艺方法

①将未经打发的奶油从冷藏冰箱内取出，倒入搅拌机的缸内，此时液体奶油的温度应为7~10 ℃。

②倒入搅拌缸内的奶油液体应为缸容量的10%~20%。

③开机，用中速或高速开始打发，转速一般为160~260 r/min。

④当奶油打发至可以稍微与搅拌缸内壁分离及有软尖峰形成时，打发已至最大限度，应关掉机器，将打发的奶油盛入干净的容器内，放入恒温冰箱内备用。

⑤打发奶油的最佳室温为15~26 ℃。

2）注意事项

①冷冻的奶油在打发之前应放于0~4 ℃冰箱解冻24 h以上，待完全解冻后方能进行打发。

②应保证打发奶油的搅拌缸及抽出管的卫生，不能有任何异物。

③在夏季工作间温度高于25 ℃且低于30 ℃时，打发奶油应减少加入搅拌缸内的奶油量，差不多打发好时再加入20%的液体奶油，再继续打发到所需的质地和硬度。

④打发好的奶油应立即放入恒温冰箱内。

（2）调制动物脂奶油酱的工艺方法及注意事项

1）工艺方法

①将奶油从冷藏冰箱取出，轻轻摇匀后倒入搅拌缸内，倒入的量应为搅拌缸容量的20%~40%。

②启动搅拌机，用中速或高速开始打发。

③打至软尖峰出现、奶油细腻如膏即可。

2）注意事项

①动物脂奶油不能在冷冻冰箱内存放，否则会破坏奶油品质。

②打发动物脂奶油所需的时间比植物脂奶油要长一些，这是因为植物脂奶油中的植物油脂熔点较低，所需打发时间短而打发量比较大。

③打发后的动物脂奶油应立即放入恒温冰箱，不能在室温下存放。

④打发后的动物脂奶油，其稳定性保持在 4 h 左右。

2. 熬制奶油

熬制奶油是某些甜点、蛋糕及热菜汤类必不可少的加工方法。熬制奶油的目的是使奶油中的水分降至最少。按照所制作产品的不同要求，奶油熬制的时间各不相同，其他配料加入的先后顺序也不相同。

用此方法可制作的甜点品种有奶油馅类、奶油布丁类、香草冰激凌等。

3. 直接使用

在许多西式面点的制作中，奶油无须打发、熬制即可使用。如在制作各类重油蛋糕、香蕉面包、松饼等甜点时，为了增加成品的松软度和奶油香味，常加入适量的液体奶油，以提高成品的质量。

由于奶油有加糖型和无糖型，因此，在直接使用奶油时，要根据制品需要选择使用奶油。

4. 加热奶油

加热奶油和熬制奶油有着本质的区别，加热奶油的目的在于让其他配料（如糖、巧克力、黄油等）快速溶解，为下一步的制作打好基础。在西式面点制作工艺中，用此加工方法的甜点种类很多，如奶油姜汁布丁、香橙杏仁慕斯、巧克力奶油派、圣诞姜饼、香草汁等。

5. 加工奶油的注意事项

（1）某些品牌的奶油在加工使用之前需解冻，应在恒温冰箱内解冻，不可用温水解冻或在室温下解冻，否则会影响奶油的品质。

（2）对无糖型奶油，在打发时可以直接加入糖粉，但不能直接加糖水或粗砂糖，否则会改变奶油的品质。

（3）打发后的鲜奶油及制品应放在恒温冰箱内存放。

二、黄油（butter）

黄油是由牛奶经分离、压炼而成的油脂，常温下为固体，淡黄色。黄油中乳脂含量一般不低于 80%，水分含量不得高于 16%，含有丰富的维生素 A、维生素 D 和矿物质。黄油是西式面点制作中不可缺少的原料之一。

黄油的加工方法很多，一般根据用途的不同，加工方法也不同，最常见的有以下几种：

1. 刮球

黄油刮球就是利用专门的刮球工具，从整块黄油上刮下一个个黄油球，用于午、晚餐配面包。

刮黄油球时应掌握好黄油的软硬度，太硬易破裂，太软则刮不出形状，一般来讲，常温冰箱保存的黄油较适合。

2. 切片、切块

黄油切片、切块也是比较简单实用的加工方法，加工成品用于配面包就餐。

此方法方便随意，但应注意在加工过程中黄油极易受热变软、熔化，因此有条件的话，最好在冰案或大理石台面上操作，以保证成品的完整和色泽。同时，切下的黄油片、块应立即放入冰水或冰箱内冷藏，以防变热后互相粘连。

3. 挤制

黄油挤制法用于为西餐面包而备的黄油制品，挤制的成品花色多且美观。将黄油放入搅拌机内，慢速或中速搅拌，至黄油变成柔软的酱状后，将黄油装入挤袋，再用不同的挤嘴将黄油挤成大小、形状均匀的成品，放入冰箱冷却 10 min 左右即可使用。

此方法的好处在于，在打软黄油的过程中可根据需要加入香料、酒、盐等调味品，使黄油更具独特风味和口感。

4. 熔化

黄油的熔化法就是把黄油加热熔化成液体后使用。熔化黄油的最佳方法是"双煮法"和微波熔化法（其他方法易使黄油变色）。在熔化过程中，无论采用什么加热方法、使用何种热源，都要掌握好加热的时间和温度。正常情况下，以黄油全部熔化为液体、清香透明、不变色为佳。有许多的甜品在制作过程中都使用这种方法，如苹果卷、杏仁片酥饼干等。

5. 黄油酱

黄油酱是制作西式点心的主要辅助原料，在欧洲各国的点心制作中占有重要地位。用它制作的各类点心，香甜柔软、清润鲜美，深受顾客欢迎。

随着技术的发展和工艺水平的提高，加之原料质量的发展，黄油酱的制作工艺也日臻完善，主要有以下几种：

（1）意大利蛋清黄油酱

1）用料。糖 4 000 g（其中 500 g 与蛋清同打），水 1 300 g，蛋清 1 800 g，黄油 1 800 g，香草粉 20 g，盐 50 g。

2）工艺方法

①将蛋清和 500 g 糖放入搅拌缸内，用中速打发至膨胀。

②将余下的糖和水放入平底锅内，上火煮至糖水变稠能吹出泡（但仍清澈透明）。

③将糖液慢慢倒入搅拌缸内搅拌，使糖液和蛋清充分混合均匀。

④当蛋清温度降下来以后，摸一下搅拌缸外面台底部，不烫手即可，将黄油慢慢加入搅拌缸内。

⑤黄油全部加入后，如果搅拌缸内黄油酱已全部混合均匀，没有黄油小块，可以停止搅拌。更换粗的搅拌抽子后，继续搅拌至黄油酱柔软有光泽，加入香草粉和盐，再搅拌 5 min 左右即可。

⑥调制好的黄油酱盛入干净容器内，如果黄油酱仍微热，可在室温下冷却后，在室温 20 ℃的环境中保存。

3）注意事项

①搅拌蛋清的搅拌缸内不要有油、水及其他杂物，以免影响蛋清的打发。

②搅拌黄油酱的黄油应使用含水率低的优质黄油，并事先视室温的状况放在室温下解冻 5~8 h。

③在熬制糖水时，应注意不要将糖水熬上颜色（这会影响成品的色泽和口味）。

④在向蛋清里倒入糖水时，应注意不要将糖液倒在转动的搅拌机抽子上，要顺着缸边直线倒入。

⑤加入黄油之前，应保证缸内温度为 35~38 ℃，如果温度过高，加入黄油时黄油会熔化成液体（将影响成品的品质和细腻度）。

（2）英式蛋黄黄油酱

1）用料。蛋黄 13 个，糖 570 g，水 500 g，黄油 600 g。

2）工艺方法

①将蛋黄和 120 g 糖放入搅拌缸内打发；与此同时，将 450 g 糖和水放入一平底锅内上火加热煮至糖水变浓。

②将黄油放入搅拌缸内，搅拌至胀发。

③将煮好的糖液小心地倒入蛋黄液中，搅拌可以减低速度，但不要停止。

④蛋黄液搅拌至冷却时，将其倒入黄油中，搅拌均匀即可。

3）注意事项

①调制黄油酱时应尽量用优质黄油，如果黄油含水分较多，应减少熬糖时水的用量。

②加糖水至蛋黄液时，不要将糖液倒在快速转动的抽子上。

③一定要确保蛋黄液完全冷却之后，才可加入到黄油之中。

（3）全蛋黄油酱。全蛋黄油酱调制法，就是采取加入全蛋的调制工艺，此方法简单方便，成本也较低。

1）用料。鸡蛋 7~8 个，糖 340 g，糖粉 230 g，黄油 60 g。

2）工艺方法。将鸡蛋和糖放入搅拌缸内搅拌，打至糖全部溶化。黄油和糖粉放入另一搅拌缸内搅拌，打发柔软。然后将蛋液和黄油混合搅拌均匀即可。

3）注意事项。此加工方法工艺简便，成本较低，但是如果所用鸡蛋不是很新鲜，在制作中所用工具、用具消毒不彻底，成品保质期就较短。要想改变这一状况，在打发鸡蛋和糖之前，应先加热至糖全部溶化，然后再打发。其作用，一是能够使糖完全溶解，二是能够去除鸡蛋中的部分腥味。

（4）糖水黄油酱。糖水黄油酱也是西点中常用的辅助原料之一，多用于点心和奶油蛋糕的馅料。

1）用料。黄油 500 g，糖水 500 g。

2）工艺方法

①将黄油化软，放容器中，搅拌至乳白色。

②逐渐加入糖水，继续搅拌。

③待糖水全部加入黄油酱，重新搅拌，搅匀后，即为成品。

3）注意事项

①为较容易地加工黄油，应提前将黄油从冰箱中取出解冻，化软后再搅拌。

②待黄油搅拌变白后再加入糖水，而且要分次逐渐加入，以防黄油酱变黄、搅澥，影响质量。

三、克司得酱（custard cream）

克司得酱是西式面点用途极广的基本馅料之一，很多甜点制品都用到克司得酱。

克司得酱，又称吉士酱、蛋黄酱，是用牛奶、蛋黄、玉米粉或克司得粉、砂糖、香草等原料熬制而成的。熬制克司得酱的工艺方法有多种，所用的辅料也各有变化，但基本的制作方法一致。

1. 用料配比

克司得酱用料配比：牛奶 1 000 g，玉米粉或克司得粉 450 g，糖 900 g，蛋黄 1 300 g，黄油 60 g，盐 5 g。

2. 制作工艺

（1）将牛奶上火煮开，加入香草根。

（2）将蛋黄、玉米粉、糖一起混合搅拌均匀。用煮沸的牛奶浇注，拌匀。

（3）将蛋黄、牛奶液体放入厚底锅内，上火继续熬制，并不停地慢慢搅动，以防煳锅底。

（4）开锅后加入盐，用小火再搅熬 1~2 min，使其熟透。

（5）下火后，放入熔化的黄油，并将香草根拿出，搅拌均匀，静置待用。

（6）为了防止克司得酱在冷却过程中表面脱水干燥，可在其表面盖一层保鲜纸。

3. 注意事项

（1）在熬制过程中为防煳锅底，开锅后要改用微火，并不停地搅拌。

（2）熬制好的克司得酱要在室温下完全冷却后，再放入恒温冰箱冷藏。

第四章

基本操作手法

西点制作的基本操作手法是西点成型的基本动作，它不仅能使成品拥有美丽的外观，而且能丰富西点的品种。基本操作手法熟练与否，对于西点的成型、产品的质量有着重要的意义。常用的基本操作手法有捏、揉、搓、切、割、抹、裱型、和、擀、卷等。

第一节　捏、揉、搓

一、捏

用五指配合将制品原料粘在一起，做成各种栩栩如生的实物形态的动作称为捏。捏是一种有较高艺术性的手法，西点制作常以细腻的杏仁膏为原料，捏成各种水果状（如梨、香蕉、葡萄等）和小动物状（如猪、狗、兔等）。

1. 捏的方法

由于制品原料不同，捏制的成品有两种类型，一种是实心的，另一种是包馅的。实心的为小型制品，其原料全部由杏仁膏构成，根据需要点缀颜色，有的浇一部分巧克力。包馅的一般为较大型的制品，它是用蛋糕坯与蜂蜜调成团后，做出所需的形状，然后用杏仁膏包上一层。

捏一朵杏仁膏原料的月季花，其操作手法是：首先把杏仁膏分成若干小剂，滚圆

后放在保鲜纸或塑料纸中，用拇指搓成各种花瓣形状，然后将大小不一的花瓣捏为一体，即可形成一朵漂亮的月季花。

捏不只限于手工成型，还可以借助工具成型，如刀子、剪子等。

2. 基本要领

（1）用力要均匀，面皮不能破损。

（2）制品封口时，不留痕迹。

二、揉

揉主要用于面包制品，目的是使面团中的淀粉膨润黏结，气泡消失，蛋白质均匀分布，从而产生有弹性的面筋网络，增加面团的劲力。揉匀、揉透的面团，内部结构均匀，外表光润爽滑。

1. 揉的方法

揉可分为单手揉和双手揉两种。

（1）单手揉。单手揉适用于较小的面团。其方法是先将较小的面团分成小剂，置于工作台上，再将五指合拢，手掌扣住面剂，朝着一个方向旋转揉动。面团在手掌间自然滚动的同时要挤压，使面剂紧凑，光滑变圆，内部气体消失，面团底部中间呈旋涡形，收口向下。

（2）双手揉。双手揉适用于较大的面团。其方法是用一只手压住面剂的一端，另一只手压在面剂的另一端，用力向外推揉，再向内使劲卷起，双手配合，反复揉搓，使面剂光滑变圆。待收口集中变小时，最后压紧，收口向下。

2. 基本要领

（1）揉面时用力要轻重适当，要用"浮力"，俗称"揉得活"。特别是发酵膨松的面团更不能死揉，否则会影响成品的膨松度。

（2）揉面要始终保持一个光洁面，不可无规则地乱揉，否则面团外观不完整，不光洁，还会破坏面筋网络的形成。

（3）揉面的动作要利落，揉匀，揉透，揉出光泽。

三、搓

搓是将揉好的面团改变成长条状，或将面粉与油脂融合在一起的操作手法。

1. 搓的方法

搓面团时先将揉好的面团改变成长条状，双手的手掌基部摁在条上，双手同时施力，来回地揉搓，边推边搓，前后滚动数次后面条向两侧延伸，成为粗细均匀的圆柱形长条。

油脂与面粉混合搓时，手掌向前施力，使面粉和油脂均匀地混合在一起。但不宜过多搓揉，以防面筋网络的形成，影响质量。

2. 基本要领

（1）双手动作要协调，用力均匀。

（2）要用手掌的基部，按实推搓。

（3）搓的时间不宜过长，用力不宜过猛，以免断裂。

（4）搓条要紧，粗细均匀，条面圆滑，避免表面破裂。

第二节　切、割、抹、裱型

一、切

切是借助于工具将制品（半成品或成品）分离成型的一种方法。切可分为直刀切、推拉切、斜刀切等，以直刀切、推拉切为主。不同性质的制品运用不同的切法，是提高制品质量的保证。

1. 切的方法

直刀切是把刀垂直放在要切的制品上面，向下施力使之分离的切法。

推拉切是刀与制品处于垂直状态，在向下压的同时前后推拉，反复数次后切断的切法。切酥脆类、绵软类的制品都采用此种方法，目的是保证制品的形态完整。

斜刀切是将刀面与案台成45°角，用推拉的手法将制品切断的切法。这种方法在制作特殊形状的点心时使用。

2. 基本要领

（1）直刀切是用刀笔直地向下切，切时刀不前推，也不后拉，着力点在刀的中部。

（2）推拉切是在刀由上往下压的同时前推后拉，互相配合，力度应根据制品质地

而定。

（3）斜刀切一定要掌握好刀的角度，用力要均匀一致。

二、割

割是在被加工的坯料表面划裂口，但不切断坯料的造型方法。制作某些品种的面包时常采用割面团的方法，目的是使制品烘烤后，表面因膨胀而呈现爆裂的效果。

1. 割的方法

为使有些制品坯料在烘烤后更加美观，需先割出一个造型美观的花纹，然后经烘烤，使花纹处掀起，成熟后填入馅料，以丰富制品的造型和口味。具体方法是：右手拿刀，左手扶稳坯料，在坯料表面快速划上花纹即可。

2. 注意事项

（1）割裂制品的工具锋刃要快，以免破坏制品的外观。

（2）根据制品的工艺要求，确定割裂口的深度。

（3）割的动作要准确，用力不宜过大、过猛。

三、抹

1. 抹的方法

抹是将调制好的糊状原料用工具平铺均匀，使制品平整光滑的操作方法。如制作蛋卷时则采用抹的方法，不仅要把蛋糊均匀地平抹在烤盘上，制品成熟后还要将果酱、打发的奶油等抹在制品的表面进行卷制。抹又是对蛋糕做进一步装饰的基础，在装饰蛋糕之前先将所用的抹料（如打发鲜奶油或黄油酱等）平整均匀地抹在蛋糕表面上，为成品的造型和美化创造有利的条件。

2. 注意事项

（1）刀具掌握要平稳，用力要均匀。

（2）正确掌握抹刀的角度，保证制品的光滑平整。

四、裱型

裱型又称挤，是对西点制品进行美化、再加工的过程。通过这一过程增加制品的风味特点，以达到美化外观、丰富品种的目的。

1. 裱型方法

裱型有两种手法：

（1）挤袋挤法。先将挤袋装入裱花嘴，用左手虎口抵住挤袋的中间，翻开内侧，用右手将所需材料装入袋中，不要装得过满，装半袋为宜。装好材料后，即将挤袋翻回原状，同时把挤袋卷紧，内侧空气自然被挤出，使挤袋结实硬挺。挤时右手虎口捏住挤袋上部，同时手掌紧握挤袋，左手轻扶挤袋，并以45°角对着蛋糕表面挤出，此时原料经由裱花嘴和操作者的手法动作，自然形成花纹。

（2）纸卷挤法。将纸剪成三角形，卷成一头小、一头大的喇叭形圆锥筒，然后装入原料，用右手的拇指、食指和中指攥住纸卷的上口用力挤出。

2. 注意事项

（1）双手配合要默契，动作要灵活，只有这样才能挤出自然美观的花纹。

（2）用力要均匀，装入的物料要软硬适中，右手虎口要捏紧挤袋上部。

（3）要有正确的操作姿势。

（4）图案纹路要清晰，线条要流畅，大小均匀，厚薄一致。

第三节　其他操作手法

其他操作手法对于西式面点制作也是必不可少的，如和、擀、卷等。

一、和

和是将粉料与水或其他辅料掺和在一起揉成面团的过程，它是整个点心制作中最初的一道工序，也是一个重要的环节。和面的好坏直接影响成品的质量，影响点心制作后续工艺能否顺利进行。

1. 和的方法

和面的具体方法可分为抄拌法和调和法。

（1）抄拌法。将面粉放入缸或盆中，中间掏一个坑，放入七八成的水，双手伸入缸中，从外向内、由下而上地反复抄拌。抄拌时用力要均匀，待成为雪片状

时，加入剩余的水，双手继续抄拌，至面粉成为结实的块状时，可将面搓、揉成面团。

（2）调和法。先将面粉放在案台上，中间开个窝，将鸡蛋、油脂、糖等倒入，双手五指张开，从外向内进行调和，再搓、揉成面团（如混酥面）。

2. 注意事项

（1）要掌握液体配料与面粉的比例。

（2）要根据面团性质的需要，选用面筋含量不同的面粉，采用不同的操作手法。

（3）动作要迅速，干净利落，面粉与配料混合均匀，不夹粉粒。

二、擀

擀是借助于工具将面团展开使之变为片状的操作手法。

1. 擀的方法

擀是将坯料放在工作台上，擀面棍置于坯料之上，用双手的中部摁住擀面棍，向前滚动的同时，向下施力，将坯料擀成符合要求的厚度和形状。如擀清酥面，用水调面团包入黄油后，擀制时要用力适当，掌握平衡。清酥面的擀制是较难的工序，冬季好擀，夏季擀制较困难，擀之前要利用冰箱来调节面团的软硬。擀制好的成品起发高，层次分明，体轻个大；擀不好会造成跑油，层次混乱，虽硬不酥。

2. 注意事项

（1）擀制面团时应干净利落，施力均匀。

（2）擀制品要平，无断裂，表面光滑。

三、卷

卷是西点的成型手法之一。

1. 卷的方法

需要卷制的品种较多，方法也不尽相同。有的品种要求熟制以后卷，有的是在熟制以前卷，无论哪种都是从头到尾用手以滚动的方式，由小而大地卷成。卷有单手卷和双手卷两种形式。单手卷（如清酥类的羊角酥）是用一只手拿着圆锥形的模具，另一只手将面坯拿起，在模具上由小头向大头轻轻地卷起，双手的配合一致，把面条卷在模具上，卷的层次均匀。双手卷（如蛋糕卷）是将蛋糕薄坯置于工作台上，涂抹上配料，双手向前推动卷起成型。卷制不能有空心，粗细要均匀一致。

2. 注意事项

（1）被卷的坯料不宜放置过久。

（2）用力要均匀，双手配合要协调一致。

第五章

成品制作工艺

第一节　混酥类点心

一、混酥面坯的调制

1. 特性

混酥类点心是用黄油、面粉、鸡蛋、糖、盐等主要原料调和成面团，配以各种辅料，通过成型、烘烤、装饰等工艺制成的一类点心。此类点心的面坯无层次，但具有酥松性。

混酥面的酥松，主要是面团中的面粉和油脂等原料的性质所决定的。油脂本身是一种胶性物质，并具有一定的黏性和表面张力。当油脂与面粉融合时，面粉的颗粒被油脂包围，并牢牢地与油脂黏结在一起，使面粉颗粒间形成一层油脂膜。这层油脂膜紧紧依附在面粉颗粒的表面，使面坯中的面粉蛋白质不能吸水形成面筋网络，所以这种面坯较其他面坯松散，没有黏度和筋力。随着搅拌或手工搓擦的不断进行，面粉颗粒与颗粒之间的距离加大，空隙中充满了空气。当面坯被烘烤时，空气受热膨胀，制品由此产生酥松性。这类面坯油脂的比例越高，酥松性越强。

混酥面坯是西式面点制作中最常见的基础面坯之一，其制品多见于各种派类、塔类、饼干类以及各式蛋糕的底部装饰和甜点的装饰等。

2. 一般用料

调制混酥面坯的基本用料有面粉、黄油、糖、鸡蛋等。在实际制作中，为了增加混酥面坯的口味和成品的质量，往往要加入其他辅料或调味品，以增加成品的风味和酥松性。例如，为了突出混酥面坯的香味，可在调制混酥面坯时，加入适量的香兰素或香草精；为了增强混酥面坯的酥松性，可加大油脂的用量或加入适量的膨松剂；为了增加混酥面坯的独特口味，可在调制面坯时加入适量的柠檬皮、杏仁粉等。

【例 5-1】 混酥面坯用料之一

低筋面粉或蛋糕粉 450 g，黄油 300 g，糖 170 g，鸡蛋 100 g，香兰素 3 g。

上述基本配比调制成的混酥面坯，被广泛地应用于各种派类、塔类，如苹果派、椰丝派、南瓜派和核桃塔、鲜果塔、巧克力塔等。

【例 5-2】 混酥面坯用料之二

低筋面粉或蛋糕粉 3 300 g，黄油 2 800 g，蛋黄 10 个，香兰素 5 g，发粉 20 g，糖粉 1 100 g，杏仁碎 500 g。

上述配比制作的混酥面坯因为加入了杏仁碎而使面坯烘烤成熟后更加酥松，口味更加香甜，可用来制作圣诞节杏仁巧克力饼干、维也纳饼干、杏仁奶油水果饼等。

3. 调制工艺方法

混酥面坯的生产工艺方法有许多种，在实际应用中，混酥面坯最基本的工艺方法有油面调制法和油糖调制法。

（1）油面调制法。油面调制法就是先将油脂和面粉一同放入搅拌缸内，用慢速或中速搅拌，当油脂和面粉充分相融后，再加入鸡蛋等辅料的工艺方法。

这类混酥面坯的制作要求是，面坯中的油脂要完全渗透到面粉之中，这样才能使烘烤后的产品具有酥松特点，而且成品表面较平整光滑。

用此方法制成的混酥面坯广泛应用于各类肉批（肉馅饼）、酒会三文鱼小塔、洋葱培根派等。

【例 5-3】 油面调制法

（1）用料配比。面粉 2 000 g，黄油 900 g，鸡蛋 5 个，水 600 g，盐 20 g，糖 10 g。

（2）用上述配比调制混酥面坯的方法：

1）将黄油、面粉、糖放入搅拌缸内，用中速搅拌至黄油和面粉充分相融。

2）加入鸡蛋和盐，继续搅拌均匀。

3）加入水搅拌成面团即可。

4）将制成的混酥面团放入容器或用保鲜袋装好，放入冷藏冰箱冷却后使用。

（2）油糖调制法。此方法是先将油脂和糖一起搅拌，然后再加入鸡蛋、面粉等原料的调制方法。

此方法也是西式面点生产中最为常用的调制方法之一。用此方法制作的混酥面坯用途极广，可以制作各种混酥类甜点，如各种派类、塔类及饼干类混酥甜点等。

【例5-4】　油糖调制法

（1）用料配比。面粉2 250 g，黄油1 450 g，鸡蛋6个，盐10 g，香兰素5 g，糖700 g。

（2）用上述配比调制混酥面坯的方法：

1）将黄油、糖放入搅拌缸内以中速搅拌至均匀，无疙瘩。

2）分数次加入鸡蛋。

3）加入盐及香兰素，继续搅拌均匀。

4）加入过筛面粉，用慢速搅拌均匀即可。

5）将上述调制好的面团放在撒有干面粉的小方盘里，放入冰箱冷藏备用。

4．注意事项

（1）制作混酥面坯的面粉最好用低筋面粉，以面筋质含量在10%左右的为佳。如果面粉筋度太高，则在搅拌面团和整型过程中易揉捏出筋，在烘烤中面皮发生收缩现象，产品坚硬，失去应有的酥松品质。

（2）选用熔点较高的油脂，因熔点低的流体油脂吸湿面粉的能力强，擀制时容易发黏，并影响制品的酥松性。

（3）制作混酥面坯时，应选用颗粒细小的糖制品，如细砂糖、绵白糖或糖粉。如果糖的晶体颗粒太粗，在搅拌中就不易溶化，造成面团擀制困难，制品成熟后表皮会呈现一些斑点，影响产品的质量。

（4）为增强混酥面坯的酥松性，在用料配比上可适量增加黄油、鸡蛋的用量，或添加适量的膨松剂。

（5）制派中加入面粉后，切忌搅拌过久，更不能反复揉搓，以防面粉产生筋性，影响成型和烘烤后产品的质量。

（6）混酥面坯制成后，应装入容器中并放入冷藏冰箱中冷却。其目的有三个：一是使面团内部水分能充分均匀地吸收；二是促使黄油凝固，易于面坯成型；三是能使上劲的面团得到松弛。

二、混酥面坯的成型

1．成型方法

混酥类点心的成型一般是借助模具完成的。方法是根据制品的需要取出适量面团放在撒有干面粉的工作台上，擀制成厚薄一致的片，然后放在模具里或借助模具印模成型。常用的模具有菊花圆形扣压模、圆形扣压模等。

模具成型有单层皮和双层皮之分：单层皮是将面团一次擀平切割，放入模具整型烘烤后再装饰，如草莓派、鲜桃派等；双层皮是在擀第一层面坯铺入模具后填入馅料，在馅料上面再覆盖一层面坯。双层皮操作方法有两种：一种方法是第一层面坯铺入模具后先进行烘烤，而后填馅料，覆盖第二层面坯，再进行第二次烘烤；另一种方法是第一层面坯铺入模具后，直接填馅料，覆盖第二层面坯后再进行烘烤。

混酥面坯的成型好坏直接影响混酥成品的质量和外观。因为在成型过程中许多因素都直接或间接影响混酥面坯的组织结构，最终影响甜点成品的质量。

混酥面坯的成型手法很多，如擀、切、捏、刻等。每个动作都有它特有的功能，可视其造型的需要，相互配合应用。

2. 注意事项

（1）混酥面坯在擀制时，应做到一次性擀平，并立即成型，进炉烘烤，不可因第一次擀制失败而再揉成面团擀第二次。因为每重复擀一次其成品的品质就会降低一次。

（2）混酥面坯在切割时，应做到动作迅速准确。应尽量减少切制时所用的时间，尤其是在夏季工作间温度过高时，混酥面坯极易变软，影响成型的操作。

（3）在割制面坯时，动作要轻柔准确，一次到位。如果用力太大，极易将混酥面坯割透，这将影响成品的品质和外观。另外，在割制混酥面坯时，如果不能一次成功，就会破坏混酥面坯表面结构，影响成品的美观。

（4）擀制成型时，为防止面团出油、上劲，不要将面坯反复擀制揉搓，以免导致成品收缩、口感发硬、酥松性差的不良后果。

（5）捏制成型时，动作要快、要灵活，否则混酥面坯在手指的温度下极易变软，影响操作。

（6）为方便操作可将压平、压薄的面坯放在一平盘上，入冰箱冷却一段时间后再成型，这样不仅容易成型、刻制，而且因冷却后面坯中的面筋重新伸展，成品烤熟后不易变形。

三、混酥制品的成熟

混酥制品经过成型后，需要烘烤使其成熟，由于混酥面坯属于油糖类面团，因此在烘烤成熟过程中，需要采用适合于它成熟的条件，如烘烤温度、烘烤时间等。

1. 工艺方法

混酥制品的成熟多采用烘烤成熟的方法，即成型后的制品摆放在烤盘上送入预热的烤箱中进行成熟，其温度、时间、制品的码放及装饰则依制品要求而定。对于较小的混酥面坯制品，由于烘烤胀发能力小，在摆放制品时要相应地紧凑一点，以免制品产生焦边现象，导致颜色不均匀。而有的品种在烘烤前要在表面刷一层蛋液，划上花纹，以增加制品的色泽和美观。

成熟后的制品往往还要通过装饰增加制品的造型特点，给人以美的享受。制品的品种不同，装饰的方法也不同。有的码鲜水果、挂巧克力、挂翻砂糖，有的撒糖粉、拼挤各种图案等。但无论怎样装饰，其效果都要淡雅、清新、自然。

2. 影响制品成熟的因素

影响制品成熟的因素主要有两方面：一个是烘烤温度，另一个是烘烤时间。

（1）烘烤温度。混酥制品在烘烤过程中，烤箱的温度对成品的质量影响很大。通常情况下，烘烤此类点心时，一般需用 190~200 ℃的中火。但由于混酥类点心品种繁多，大小、厚薄各不相同，因此，所用的烤箱温度也有差异。如小型的混酥类制品，像酥皮果塔、酥皮饼干等，在烘烤时使用 200 ℃左右的中火，待制品表面为淡黄色时即可出炉。但对于那些体积较大、较厚的制品，则需要低温、长时间的烘烤。如在烘烤派类制品时，烤箱需 180 ℃的温度，而且上下火温度也有差异，一般情况下，烤箱的下火温度要比上火高 5~10 ℃，这样才能保证制品面部、底部完全成熟。

由于各类派类、塔类制品内部组织结构和密度不同，因而对热能的吸收和水分散发的程度也不相同，要灵活掌握烘烤时的温度。像法式克司得派、意大利杏仁巧克力派这类较大较厚的制品，尤其是内部原料是液体馅心的半成品，在烘烤时自进烤箱到烘烤完成，应全部以上火为主、下火为辅。制品进炉 10 min 之后，应查看制品面部着色情况，如果面部已微上色，应关掉上火，并在制品表层盖上一层锡纸，然后继续烘烤至成熟；反之，如果制品面部未上色，而底部已上色，应关掉下火，并在制品烤盘下再加垫一个烤盘，继续将制品烤熟。如果制品进烤箱 10 min 后，其底部与表面都未着色，则可继续烘烤，直至制品表面着色后再出炉。

（2）烘烤时间。烘烤时间也是决定混酥制品成熟质量的重要因素。一般情况下，烤箱的温度高些，烘烤制品所需的时间就相对短些；温度低些，所需的时间就相对长些。在实际情况中，要根据品种灵活掌握。如烘烤有馅料的双皮派时，因其含有较大的馅心，烘烤时间要相对长一些；但烘烤小酥饼时，因面坯薄，易成熟，烘烤时间要相应地短一些。又如，在烘烤甜混酥制品时所用的时间就比烘烤咸混酥制品时所用的时间要短，因为咸混酥面坯中缺少烘烤着色的重要原料——糖，在烘烤时所需的温度要高一些，烘烤的时间也相对长一些，这样才能保证制品的成熟和着色。总之，在实际工作中要根据混酥制品的体积大小、厚薄、内部原料组织构成等因素合理调节烤箱上下火的温度以及烘烤的时间，以确保制品的质量。

3. 注意事项

（1）要根据混酥制品的要求和特点，灵活掌握烘烤时的温度和时间。

（2）对于夹有馅心的混酥制品，放入烤箱之前要在制品表面扎些透气眼，以利于烘烤时水气的溢出，保持制品表面的平整，保证成品的美观。

（3）烘烤成熟的制品，须及时取下模具，以防模具的热传导性使制品继续加热，影响成品的色泽和质量。

（4）检查夹有馅心的混酥制品是否成熟时，首先要看制品底部的成熟程度，然后决定是否出炉。

【例 5-5】 杏仁塔（almond tart）的制作

（1）用料配比

1）甜酥面坯：黄油 625 g，糖粉 375 g，鸡蛋 3 个，低筋面粉 1 000 g，盐 5 g，香草油 10 g。

2）馅心用料：低筋面粉 25 g，软黄油 250 g，杏仁粉 250 g，鸡蛋 250 g，香草粉 10 g，朗姆酒 30 g，大杏仁片适量，果胶少许。

（2）制作工艺过程

1）先将备好的混酥面团擀成约 2 mm 厚的薄片，放入所需模子中制成杏仁塔坯。

2）将塔馅放入塔坯中（也可在填馅之前，在底部放上一点草莓酱），在装馅后的塔坯表面粘一层大杏仁片。

3）入烤箱烘烤，温度设为 180~210 ℃，烤至金黄色后，在杏仁塔表面刷上果胶，即为成品。

（3）质量标准。塔底厚薄均匀，成品大小、颜色一致，制品表面有光亮，口感酥软，有淡淡杏仁香味。

（4）注意事项

1）塔中挤入的馅料要适量，以防制品馅料不饱满或溢出，影响质量。

2）烤箱温度要适当，烘烤时间要依制品大小、厚薄而定。

3）果胶要刷均匀。

【例 5-6】 苹果派（apple pie）的制作

（1）用料配比。苹果 10 个，糖 150 g，黄油 100 g，葡萄干 100 g，杏仁碎 50 g，苹果酒 20 g，混酥面 500 g，鸡蛋液 50 g，肉桂粉 10 g，柠檬皮碎适量，柠檬汁适量。

（2）制作工艺过程

1）先将糖、黄油炒至金黄色，再将苹果片倒入翻炒，加入肉桂粉、柠檬皮碎、柠檬汁，将苹果片炒软后，加入葡萄干和杏仁碎，最后加入苹果酒搅拌均匀，冷却后待用。

2）将混酥面团用压面机擀成约2.5 cm厚的面片，放入苹果派模内，去掉余边。

3）将炒好的苹果馅放入苹果派模。

4）再擀一片甜酥面，盖在装馅的苹果派上，去掉余边。

5）在盖馅的面片表面刷鸡蛋液，划上花纹，放入烤箱。

6）烤箱温度为200 ℃左右，烤45~60 min，烤至金黄色即可。

（3）质量标准。苹果片厚薄均匀，色泽金黄，制品口感酥松，苹果香味浓。

（4）注意事项

1）炒苹果馅时，灵活掌握火候，保持馅料颜色均匀。

2）鸡蛋液要刷均匀，以免烤出的成品颜色不一致。

第二节　清　蛋　糕

一、清蛋糕面糊的调制

清蛋糕（sponge cake）又称海绵蛋糕、乳沫蛋糕，是蛋糕类最常见的品种之一。清蛋糕的用途极广，常用作各类奶油甜点、黄油甜点及生日蛋糕的坯料。

1. 特性

在制作蛋糕面糊时，凡是不加或加入少量油脂的，都可称为清蛋糕面糊。用它制成的蛋糕就是清蛋糕。清蛋糕具有色泽金黄、质地松软、口感柔软细腻、口味香甜的特点。

清蛋糕是用全蛋、糖搅打与面粉混合一起制成的膨松制品。其膨松主要是靠蛋白搅打后的起泡作用。因为蛋白是黏稠性的胶体，具有起泡性，当蛋液受到快速而连续的搅拌时，它能使空气充入蛋液内部并形成细小的气泡，这些气泡被均匀地包在蛋液内，当受热时，空气膨胀，而蛋液胶体物质的韧性又不致气泡破裂，直至蛋糕内部气泡膨胀到蛋糕凝固为止，蛋糕的体积因此而膨大。蛋白保持气体的最佳状态是在呈现最大体积之前产生的，因此，过分搅打会破坏蛋白胶体物质的韧性，使其保持气体的能力下降。蛋黄虽不含有蛋白中的胶体物质，无法保留住空气，无法打发，但蛋黄与蛋白一起搅拌易于蛋白搅打拌入的空气形成黏稠的乳状液，有助于保存拌入的气体，使成品体积膨大而疏松。由于此种蛋糕体积膨大，松软，形似海绵，故又称"海绵蛋糕"。

2. 一般用料

清蛋糕面糊使用的原料主要有面粉、糖、鸡蛋和盐，另外，还可根据蛋糕品种的需要，加入香料及适量的油脂或液体等。

由于清蛋糕面糊中所使用的鸡蛋成分不同，有的只用蛋清，有的用全蛋，又有的加重蛋黄的用量，因此清蛋糕有天使蛋糕和全蛋海绵蛋糕之分。

天使蛋糕的基本用料是蛋清、糖、面粉及少量的盐、香料、塔塔粉等。其中蛋清、糖、面粉分别占面糊重量的42%、42%、15%。其制品具有内部薄壁气孔分布均匀、质地柔软细腻、口味香甜而滑润的特点。

全蛋海绵蛋糕除了使用蛋清外，还使用蛋黄，有的海绵蛋糕配方中还要加少量的液体，如牛奶、水或熔化的黄油等。

3. 工艺方法

清蛋糕面糊的制作工艺方法，根据蛋液的使用情况，可分为全蛋搅拌法（行业称"混打法"）和蛋清、蛋黄分开搅拌法（行业称"清打法"）。

（1）全蛋搅拌法。全蛋搅拌法是将糖与全蛋液在搅拌机内一起抽打至蛋液成为原体积3倍左右的乳白色稠糊状后，加入过筛面粉调拌均匀的方法。这种方法制作出的清蛋糕坯，被广泛用作西点各种蛋糕（如普通的生日蛋糕、黑森林蛋糕、爱尔兰咖啡蛋糕、意大利奶油蛋糕、慕斯蛋糕等）的坯料。

（2）蛋清、蛋黄分开搅拌法。其操作程序是，先将蛋清、蛋黄分别置于两个容器内，将蛋清加入少量的糖搅打起泡沫后，再加入总糖量1/2的糖继续搅打均匀，待用抽子或手将蛋清挑起能够立住即可。然后在装有蛋黄的容器中，加入剩余的糖进行快速搅打，使其成为乳黄色蛋黄糊。再将过筛面粉倒在蛋清糊表面拌匀，最后将蛋黄糊放入搅拌均匀。使用蛋清、蛋黄分开搅拌法调制而成的蛋糕坯制品有椰丝蛋糕、手指饼蛋糕、瑞士蛋卷等。

【例5-7】 清蛋糕坯的调制

（1）用料配比。鸡蛋1 000 g，砂糖500 g，盐5 g，蛋糕粉500 g，黄油（或色拉油）200 g，香草素2 g。

（2）操作工艺

1）将鸡蛋、砂糖、盐放入搅拌缸内快速或中速搅拌，至蛋液膨发 3 倍左右时停止搅拌。

2）面粉过筛加入蛋液中，随后加入香草素和熔化的黄油（或色拉油），迅速搅拌均匀即可。

3）将蛋糊倒入模具中，放入 180 ℃的烤箱内，烘烤 20~30 min。烤熟后，把蛋糕坯从模具中取出晾凉。

4. 注意事项

（1）制作清蛋糕面糊的面粉，宜用低筋面粉，如果没有低筋面粉，可用适量的玉米粉代替部分面粉。使用的鸡蛋要新鲜，因为新鲜鸡蛋的胶体浓度高，能更好地与空气相结合，保持气体的性能较稳定，从而提高清蛋糕坯的膨松性。

（2）单独搅打蛋清时，搅打工具和容器不能沾油，以防破坏蛋清的胶黏性。

（3）合理控制搅拌的温度。一般情况下，全蛋液在 25 ℃左右，蛋清在 22 ℃左右时蛋液的起泡性最佳。温度过高，蛋液会变得稀薄、黏性差，无法保存气体；温度过低，黏性较大，搅拌时不易带入空气。

（4）制作清蛋糕面糊时，搅拌鸡蛋的时间不宜过长，否则会破坏蛋糊中的气泡，影响蛋糕的质量。加入面粉后也不要用力过猛、时间过长，以防面糊"起劲"而影响制品松软度。

二、清蛋糕的成型

1. 工艺方法

蛋糕坯成型一般都要借助模具，蛋糕原料经过搅拌后即可装入模具中，用刮板刮平后进烤箱烘烤。蛋糕坯的整体形状由蛋糕坯模具的形状决定，为了保证蛋糕成型的质量，蛋糕在成型时应做到：

（1）正确选择模具。常用模具是用不锈钢、马口铁、金属铝材料制成的。其形状有圆形、长方形、桃心形、花边形等，还有高边和低边之分，深的为 5~8 cm，浅的为 2~3 cm。要根据制品特点及需要灵活选择模具。如蛋糊中油脂含量较高，制品不易成熟，选择模具时不宜过大。相反，清蛋糕的蛋糊中油脂成分少，组织松软，容易成熟，选择模具的范围就比较广，可根据需要掌握。

（2）掌握蛋糕糊的填充量标准。蛋糕糊的填充量是由模具的大小决定的。蛋糕糊的填充量一般以模具的七八成满为宜，因为蛋糕类制品在成熟过程中会继续胀发，如果蛋糕糊填充量过多，加热后就容易使蛋糕糊溢出模具，既影响制品的外形美观，也造成蛋糕糊的浪费。但是，模具中蛋糕糊填充量过少，制品在成熟过程中，坯料内水分挥发过多，也会影响蛋糕类制品的松软度。

为了防止成熟的蛋糕坯黏附模具，在盛装蛋糕糊之前，应在模具中垫一层纸或刷一层油。如果使用无底圆蛋糕圈作模具时，还要用油纸将蛋糕圈底部包好，以免倒入清蛋糕糊时流出来。

2. 注意事项

（1）清蛋糕烤盘、模具的选用与烤箱的温度有着极大的关系。烤盘、模具越大越深，烤箱的温度就应越低，反之则高。

（2）清蛋糕面糊的装盘、装模的填充量和模具材料也有着紧密的关系。一般来讲，金属模具由于传热快，因此清蛋糕面糊受热也快，胀发也快。所以，在填充面糊时可适当多放一些。

（3）清蛋糕面糊入模具后应马上进行烘烤，而且要避免剧烈的振动，以防面糊下陷，影响胀发成熟。

（4）注意烤盘、模具的清洁。烤盘、模具的清洁卫生，关系到清蛋糕成品的质量。烤盘及模具在每次使用之后，都要洗擦干净，存放在干净、通风处，以备下次使用。

三、清蛋糕的成熟

清蛋糕制品的成熟是一项技术性较强的工作，是制作清蛋糕制品的关键因素之一。要获得高质量的清蛋糕制品，就必须掌握烘烤的工艺要求。清蛋糕制品的烘烤成熟是利用烤箱内的热量，通过辐射热、传导热、对流热的作用，使制品成熟。清蛋糕制品的成熟与烤箱的温度及烘烤时间有着密切关系。

1. 工艺方法

（1）正式烘烤前的准备

1）必须了解将要烘烤的清蛋糕制品的属性和性质，以及所需的烘烤温度和时间。

2）熟悉烤箱的性能，正确掌握烤箱的使用方法。

3）提前将烤箱预热，调到所需的温度。

4）准备好蛋糕的出炉、取出和存放以及相应的器具，保证后面的工作有条不紊进行。

（2）正确排列清蛋糕烤盘。盛装蛋糕面糊的烤盘应尽可能地放在烤箱中心部位，烤盘不应与烤箱壁接触。烤盘和烤盘之间不应接触，更不能重叠码放，否则制品受热

不均匀，会影响成品的质量。

（3）烘烤温度与时间控制。影响清蛋糕制品成熟的因素很多，其中以烤箱的温度和烘烤时间最为重要。在烘烤清蛋糕制品时，应根据不同蛋糕的要求灵活掌握烤箱的温度和烘烤时间。

清蛋糕制品的烘烤温度与时间随面糊中配料的不同而有变化。面糊中油脂配料投入越多，油脂占的比重越高，所需的烘烤温度就越低，时间也就越长；相反，则温度高，时间短。如天使蛋糕就比其他清蛋糕制品的烘烤温度高，时间也短，其原因是天使蛋糕面糊含其他配料少，油脂占的比例很低。清蛋糕制品的烘烤温度和时间也与制品面糊中的含糖量有关。清蛋糕制品含糖的多少直接影响制品烘烤时着色的快慢。含糖量高的清蛋糕，其烘烤温度要比含糖量低的清蛋糕烘烤温度低，而且用蜂蜜或糖蜜等转化糖浆制作的清蛋糕，比用砂糖制作的清蛋糕制品的烘烤温度要低。

清蛋糕制品的烘烤温度和时间，与制品的形状、大小、厚薄也有密切的关系。在相同的烘烤条件下，制品的形状、大小、厚薄不同，烘烤时的温度和时间也不一样。制品越大，所需的烘烤温度越低，时间越长；反之，制品所需的温度就要高一些，时间也短一些。这是因为较小较薄的清蛋糕制品在烘烤时为了保证蛋糕的松软，不失去过多的水分，就要求烘烤时温度高一些，时间短一些，否则制品水分大量流失而变干硬，不利于下一步的成型。

清蛋糕制品的烘烤温度和时间，还与烤盘、模具的材料、形状、尺寸有关。烘烤清蛋糕制品时所用的烤盘及模具的材料对制品烘烤会产生重要影响。例如，耐热玻璃烤盘或模具盛装的清蛋糕面糊，需要的温度略低一些。因为玻璃易传递辐射热能，烤制的产品外表很易着色。在使用不粘胶垫烘烤蛋糕卷时，由于不粘胶垫的阻热性，就需要烤箱下火略高一些，这样烘烤出来的成品才能颜色一致，柔软适中。

（4）清蛋糕制品的成熟检验。清蛋糕制品在烤箱中烤至所需的基本时间后，应检验蛋糕是否成熟。其检验方法主要有：

1）观察制品色泽是否达到制品的要求，制品外观是否完整。成熟后的制品应色泽均匀，顶部不塌陷或隆起。

2）可用手指在蛋糕中央顶部轻轻触摸，如果感觉硬实，呈固体状，或手指压下去的部分马上弹回，就表示蛋糕已经熟透。

3）可用牙签或其他细棒在蛋糕中央插入，拔出后不黏附面糊，则表明已成熟，反之则未烤熟。

成熟后的蛋糕应立即从烤箱中取出，否则烘烤时间过久，蛋糕内部水分损耗太多，易干硬，影响品质。

2. 注意事项

（1）烘烤清蛋糕制品之前，应把烤箱预热，这样在蛋糕放入烤箱时能达到相应的烘烤温度。一般的清蛋糕烘烤温度为190~200 ℃。

（2）必须了解将要烘烤的清蛋糕的性质和要求，确定所需的烘烤温度、时间。

（3）了解烤箱的性能，正确掌握烤箱的使用方法。

（4）不同性质、不同大小的清蛋糕制品，不可在同一烤盘、同一烤箱内烘烤。

（5）清蛋糕制品面糊混合好后应尽快放到烤盘、模具中，并进烤箱烘烤。不立即烤的蛋糕面糊，应放入冰箱连同烤盘、模具一起冷藏，这样可降低面糊温度，从而减少膨发力引起的损失。

（6）清蛋糕制品出炉后，应立即翻转过来，放在铺有油纸的蛋糕架上，使表面朝下，这样可防止蛋糕的过度收缩。

【例5-8】　柠檬卷（lemon roll）

（1）用料配比

1）蛋糕坯用料：蛋黄28个，糖150 g，蛋清24个，糖100 g，面粉180 g。

2）柠檬馅用料：柠檬汁600 g，黄油800 g，糖1 000 g，蛋黄20个。

（2）工艺过程

1）蛋糕卷的工艺过程

①蛋黄、糖打起，待用。

②蛋清先打起，然后放糖，继续搅打均匀。

③将打起的蛋黄与蛋清混合拌匀后，加入过筛面粉调匀。

④将面糊倒入铺有油纸的烤盘中，抹平。放入220 ℃的烤箱，烘烤至金黄色即可出炉。

⑤待冷却后，撕去油纸，抹上一层柠檬馅，然后从一侧轻轻卷起，即为成品。

⑥将卷好的蛋卷用油纸卷好，放冰箱，待用。

2）柠檬馅的工艺过程

①搅匀蛋黄，待用。

②将柠檬汁、柠檬皮、黄油、糖煮开，倒入蛋黄中，边倒边用抽子搅动，均匀后再上火煮开即可，冷却后放冰箱待用。

（3）质量标准。蛋卷厚薄均匀，色泽金黄，柔软不破裂，柠檬馅细腻有光泽，并有浓浓的柠檬香味。

（4）注意事项

1）蛋卷制作时，面粉要过筛，并要搅拌均匀。

2）待蛋卷冷却后方可使用。

3）在卷制过程中，双手用力适度、均匀。

4）制作柠檬馅时，柠檬皮要切细。柠檬汁煮开后，冲蛋黄的速度不能太快，要边搅边冲，以免蛋黄受热不均匀而影响成品的质量。

第三节　软质面包

面包的品种繁多，按面包本身的质感可划分为软质面包、硬质面包、脆皮面包和松质面包四大类。这四类不同质地的面包是根据不同原料配比、不同制作程序经过称料、面团调制、发酵、成型、烘烤、冷却等工艺方法制作而成的。

软质面包（soft bread）具有组织松软、体轻膨大、质地细腻、富有弹性等特点。常用的软质面包有各种切片面包、吐司面包、早餐甜面包、编花面包、包馅面包、小餐包等。

软质面包除了用于早、午、晚三餐的配餐外，还用于各类三明治、酒会冷餐小吃的制作等。另外，最常见的汉堡包的面包及热狗面包，也是软质面包。

一、软质面包面团的调制

1. 特性

面包面团的调制过程是制品工艺的第一步，也是比较关键的步骤，它的优劣对面包的发酵、成型、烘烤起着至关重要的作用。面团通过搅拌可以充分混合所有原料，使面粉等干性原料得到完全的水化作用，加速面筋的形成。

（1）面团搅拌的物理效应。面团搅拌的物理效应主要体现在两个方面。一方面是通过搅拌机的不断运动，使面粉、水及所有原料充分混合，促使面粉水化完全，形成面筋，并由于搅拌钩对面团的不断重复推揉、堆叠、压伸，使面筋得到了扩展，水化面粉达到了最佳状态，成为既有一定弹性又有一定延伸性的面团。另一方面是由于搅拌而产生的摩擦热，使面团的温度升高。

（2）面团搅拌的化学效应。面团在搅拌时，空气不断进入面团内，产生各种氧化作用，其中最为重要的便是面团所含蛋白质内的硫氢键被氧化成分子间的双硫键，从而使面筋形成了三维空间结构。

（3）面团搅拌过程及其工艺特性。面团搅拌过程要经历四个阶段。

第一阶段：配方中的干性原料与湿性原料混合，成为一个粗糙且黏湿的面块，用手触摸时面团较硬，无弹性，也无延伸性，整个面团显得粗糙，易散落，表面不整齐。

第二阶段：面团中的面筋开始形成，用手触摸面团时仍会粘手，表面很湿，用手拉取面团时无良好的延伸性，容易断裂。

第三阶段：面团表面渐趋于干燥，而且较为光滑，有光泽，用手触摸时面团已具有弹性并较柔软，但延伸性较弱，拉取面团时仍容易断裂。

第四阶段：面筋达到充分扩展，具有良好的延伸性，这时面团的表面干燥而有光泽，面团内部细腻整洁，无粗糙感，用手拉面团时有良好的弹性和延伸性，面团显得很柔软。

（4）搅拌不当对面包品质的影响。面团搅拌对面团制品的影响主要表现在两个方面。

1）面团搅拌不足，面团中的面筋不能充分扩展，缺乏良好的弹性和延伸性，不能保留发酵过程中所产生的二氧化碳气体，无法使面筋软化。面团搅拌不足的面包体积小，内部组织粗糙，结构不均匀。

2）面团搅拌过度，破坏了面团中的面筋结构，使面团过分湿润、粘手，整型操作十分困难。因面坯无法保留气体而造成其制品内部组织粗糙等。

2. 一般用料

软质面包是以面粉、酵母、水、盐、糖为基本原料，经面团调制、发酵、成型、醒发、烘烤等工艺而制成的膨胀、松软制品。

（1）面粉的作用。面粉由蛋白质、碳水化合物、灰分等组成，在面包发酵过程中，起主要作用的是面粉中的蛋白质和碳水化合物。

1）蛋白质。面粉中的蛋白质主要由麦胶蛋白、麦谷蛋白、麦清蛋白、麦球蛋白等组成，其中麦胶蛋白、麦谷蛋白能吸水膨胀形成面筋。这种面筋能承受面团发酵过程中二氧化碳气体的膨胀，并能阻止二氧化碳气体的逸出，提高面团的保气能力，它是面包制品形成膨胀、松软特点的重要条件。

2）碳水化合物。面粉中的碳水化合物大部分是以淀粉的形式存在的。淀粉中所含的淀粉酶在适宜的条件下，能将淀粉转化为麦芽糖，进而继续转化为葡萄糖，以供给酵母发酵所需要的能量。面团中淀粉的转化作用，对酵母的生长具有重要作用。

（2）酵母的作用。酵母是一种生物膨胀剂，当面团加入酵母后，酵母即可吸收面

团中的养分生长繁殖，并产生二氧化碳气体，使面团形成膨大、松软、蜂窝状的组织结构。酵母对面包的发酵起着决定性的作用，但要注意使用量。如果用量过多，面团中产气量增多，面团内的气孔壁迅速变薄，短时间内面团持气性还比较好，但时间延长后，面团就会成熟过度，持气性变差。因此，酵母的用量要根据面筋品质和制品需要而定。一般情况下，鲜酵母的用量为面粉用量的3%~4%，干酵母的用量为面粉用量的1.5%~2%。

（3）水的作用。水是面包生产的重要原料，其主要作用有：可以使面粉中的蛋白质充分吸水，形成面筋网络；可以使面粉中的淀粉受热吸水而糊化；可以促进淀粉酶对淀粉进行分解，帮助酵母生长繁殖。一般软质面包的含水量在58%~62%为合适（此含水量包含了鸡蛋内80%的水分），但若配方中全部使用高筋面粉，则其含水量需相对增加。

（4）盐的作用。盐可以增加面团中面筋的密度，增强弹性，提高面筋的筋力。如果面团中缺少盐，醒发后面团会有下塌现象。盐可以调节发酵速度。没有盐的面团虽然发酵的速度快，但发酵极不稳定，容易发酵过度，发酵的时间难于掌握。盐量多则会影响酵母的活力，使发酵速度减慢。盐的用量一般是面粉用量的1%~2.2%。

（5）糖的作用。糖可以增加面团中酵母的营养，促进酵母的繁殖，是酵母能量的来源。一般情况下，糖的含量在5%以内时能促进发酵；当超过6%时，糖的渗透性则会使发酵受到抑制，发酵的速度变得缓慢。

此外，为了使面包达到柔软可口的效果，在软质面包的制作过程中，还应适量加入油、蛋、奶等柔性原料。这些原料不仅能改善风味特点，丰富产品营养价值，而且对发酵也有着一定的辅助作用。例如，油脂能对发酵的面团起润滑作用，使面包制品的体积膨大而疏松；蛋、奶能改善发酵面团的组织结构，增加面筋强度，提高面筋的持气性和发酵的耐力，使面团更有胀力，同时供给酵母养分，提高酵母的活力。有些特殊风味的面包，还要加入相应的特殊配料、香料等，以达到成品的质量要求。

3. 工艺方法

软质面包的调制方法大致有三种：第一种是直接发酵法，即将所有的配料按顺序放在搅拌容器里，一次搅拌完成；第二种是间接发酵法，即两次搅拌面团，两次发酵的工艺方法；第三种是快速发酵法，就是将所有的原料依次放入搅拌机内，酵母的用量加倍，搅拌的时间也比正常搅拌时间多出5~10 min，发酵的时间为30~40 min，其他操作步骤与直接发酵法相同。

软质面包大多采用直接发酵的方法。待面坯调制完毕，面坯将进行发酵的过程，即面坯中的酵母在糖、水及温度、湿度的条件下生长繁殖，产生二氧化碳气体，使面坯体积膨大。具体做法是：将调制好的面坯放入容器中，送入温度为 35~38 ℃、湿度为 65% ~80% 的醒发箱中发酵，待面坯呈蜂窝状结构、体积膨胀至原体积的 2 倍以上时，即可进行分割、成型等操作。

4. 注意事项

（1）制作软质面包的面粉宜用高筋面粉，使用前要过罗。其目的一是除去杂质，二是使面粉形成松散细腻的微粒，三是通过面粉过罗带入一定量空气，有利于面团中酵母的生长繁殖，促进面团发酵。

（2）正确控制加水量及水温。水的温度对酵母的繁殖起主要的作用，水温的控制要根据面包制作环境及气候的变化而变化。冬季宜用温水，夏季宜用凉水。

（3）合理掌握搅拌时间及搅拌速度。如果面团搅拌不足，面筋没有充分扩展，面筋的网络就不会充分形成，从而降低了面团在发酵时保存气体的能力，使制成的面包体积小，两侧内陷，内部组织粗糙，结构不均匀。如果搅拌过度，就会破坏面筋蛋白质的网状结构，面团发黏，这种面团除保持气体的能力差外，还会导致面包体积小，内部气孔大而多，质量差。

（4）若需加入葡萄干等果料，加入后面坯搅拌时间不能过长，否则会使原料碎烂，影响面团的色泽及成品的质量。

二、软质面包面团的成型

软质面包面团的成型，就是将发酵完成的面团做成各种各样的形状，使得烘烤成熟后的面包具有不同的外形和花样。

1. 工艺方法

（1）分割。分割是通过称量，把发酵面团分切成所需重量的小面团。分割重量一般是成品重量加上烘烤损耗重量（烘烤损耗重量一般是面坯重量的 10%）。分割方法一般有手工分割和机器分割两种。手工分割的方法是先将大面团搓成适当大小的长条，然后按所需重量分切成小面团。手工分割有利于保护面坯内的面筋，因此，对于筋力较弱的面坯，最好用手工分割的方法。机器分割的速度较快，重量也较为准确，但对面团内的面筋有一定损伤。

（2）滚圆。滚圆又称搓圆，即把分割成一定重量的面团通过手工或滚圆机揉搓成圆柱形的工艺过程。面团经过分割阶段的操作，面团中的部分面筋网状结构被破坏，内部部分气体消失，面团呈松弛状态，韧性差。为了恢复面团的网状结构，防止分割

后继续发酵面团内的二氧化碳气体逸漏，通过滚圆才能将面团滚紧，重新形成一层薄的表皮，包住面团内继续产生的二氧化碳气体，使面团内部结实、均匀而富有光泽，有利于下一步成型。

许多面团分割机本身具备滚圆功能，能够分割、滚圆一次成型，这就大大提高了工作效率。

（3）中间醒置。中间醒置又称静置，面团经搓圆后，一部分气体被排出，面团的弹性变弱。此时，若立即成型，面团不能承受压力，表皮易破裂，持气能力下降。因此，为了恢复面团的柔软性，使面团重新产生气体，恢复其柔软程度，便于整型顺利进行，面团必须进行中间醒置。

中间醒置的时间根据面团的性质及整型要求灵活确定，一般为 15~20 min。其环境温度以 25~30 ℃为宜，相对湿度以 70%~75%为宜。

（4）成型。成型是按产品要求把面团做成一定形状的工艺。面团经过中间醒置后，体积慢慢恢复膨大，质地逐渐柔软，这时即可进行面包的成型操作。面坯的成型不仅能使制品美观，而且还可借助不同的面包样式划分面包的种类及口味。

面团的成型可分为手工成型和机械成型两种。主要操作方法有滚、搓、包、捏、压、挤、擀、编、沾、摔、拉、折、叠、卷、切、割、转等，每个技术动作都有它独特的功能，可视成型的需要，相互配合使用。

（5）装盘。面团成型之后，即可码放在烤盘或模具中，进行最后醒发，使面团再度膨胀，宜于烘烤。

（6）最后醒发。最后醒发是面包造型装饰及烘烤前的关键阶段，也是影响面包品质的关键环节。由于面团在成型过程中，不断受到滚、挤、压等动作的影响，面团内部因发酵所产生的气体绝大部分被挤出，面筋也因此失去原有的柔软性而显得硬、脆。若此时立即进行烘烤，则面包成品必然会体积小，内部组织粗糙，颗粒紧密，且面包顶部还会形成一层坚硬的壳。为使面团重新产气、膨松，得到制品所需的形状和较好的食用品质，大多数面包制品都需最后醒发的过程。

（7）最后成型及美化装饰。面包经过最后醒发后还需进行最后的成型及美化装饰。这也是决定面包品质、口味、外形的重要步骤。

面包的最后成型及美化装饰多种多样，但最基本的工艺方法有刷、剪、压、撒、切、割等，可根据面包种类、口味，所用辅助原料的不同加以灵活运用。

面包的最后成型及美化装饰，决定了面包的最后形状，是面包定型的最后一步。无论是简单的刷蛋液、撒芝麻，还是剪出各种形状或切出造型，都是在这一阶段最后加工定型的。

　　面包的最后成型及美化装饰，决定了成品的色泽。除了烘烤所产生的自身色泽以外，所有的人为的色泽，以及所需要的成品色泽，无论是直接的还是间接的，都要在这一步完成。从最基本的刷蛋液、撒面粉或各类香草，到码放不同颜色和风味的其他辅料，这一切通过烘烤之后，都会产生不同的色泽。

　　面包的最后成型及美化装饰决定了面包的风格和口味，是改变面包成品性质的重要阶段。比如，普通的软质面包在这一阶段，只要刷上蛋液，撒上芝麻，即可入烤箱烘烤。但是，如果不刷蛋液，将发起的面团在中间轻轻压下 1/2，然后放入适量的西红柿酱，码放上火腿片和奶酪丝，入炉烘烤，成品就变成了意大利比萨面包。如果在上面码放两片菠萝，再撒上适量的奶酪丝，成品将成为菠萝奶酪面包。

　　此外，面包的最后成型及美化装饰也是反映面点师聪明才智和技术的重要方面。在最后成型及美化装饰阶段，所有的技术动作一定要灵活、轻巧。此时面团内的面筋已接近最大膨胀值，任何剧烈的动作或振动，都将导致面团下陷，直接影响烘烤后产品的品质和外观。

2. 注意事项

　　（1）在面团的分割过程中，不论是手工分割还是机器分割，动作都要迅速，以免面团发酵过度而影响面包的品质。

　　（2）使用机器滚圆时，由于机器本身构造不同，以及面团自身组织结构和密度的不同，往往有些面团不能达到所需的质量要求，仍然需要用手工再揉成圆形。

　　（3）中间醒置时，应尽量不使面团吹风，以免面团表面结皮，影响品质。

　　（4）应尽快完成成型工作，制品形状、大小要一致。在操作时，不要撒太多干面粉，否则会影响成品质量。

　　（5）面包在装盘时应做到不同性质、不同大小的面包不在同一烤盘中码放，同时，对有结头的面团将结头朝下码放，以防烘烤时结头爆开，影响成品质量和美观。

　　（6）码放制品的疏密要合理适当。排放过密，成品胀发后易粘连；排放过疏，面坯在烘烤时受热面积增大，易造成表皮颜色不均匀，同时也造成对烤盘使用的浪费。一般情况下，排放面包时，互相之间应有一定距离，以保证不互相粘连为准。

　　（7）最后醒发时，在面包放入醒发箱之前，应仔细检查醒发箱的温度、湿度是否与所需醒发的面包要求相符，如有问题要及时加以修正。

　　（8）要注意烤盘的清洁卫生，要将烤盘或模具擦洗干净，以防影响面包成品的色泽和质量。

三、软质面包的成熟

1. 工艺方法

面团经过最后醒发及最后成型和美化装饰后，待体积增至原来的 1~3 倍时，即可进行烘烤。烘烤成熟是面包制作过程中的最后一个步骤，也是将面团变成面包的关键阶段。

软质面包的烘烤温度为 200~230 ℃，但要视软质面包的大小灵活决定。如生面坯重量在 45 g 左右的配餐软包或早餐甜面包，其烘烤时所用的温度为 210~220 ℃，时间为 10~20 min。在大多数情况下，软质面包生坯的重量越轻，体积越小，所用的温度越高，时间越短；反之，则温度越低，时间也越长。

2. 注意事项

（1）软质面包坯在醒发过程中，应及时将烤箱调到所需的温度。

（2）烘烤软质面包时，应了解面包的性质和配方中原料的成分。

（3）在面包坯表面刷蛋液时，要根据需要调节蛋液浓度。刷蛋液的动作要轻柔，刷蛋液量以蛋液不从面坯表面流下为宜。

（4）在烘烤软质面包的过程中，不要经常打开烤箱门，以免影响面包的质量。

【例 5-9】 汉堡包

（1）用料配比。酵母 100 g，盐 100 g，糖 750 g，奶粉 500 g，黄油 200 g，鸡蛋 350 g，改良粉 20 g，面粉 5 000 g。

（2）工艺过程

1）将所有原料与面粉混合搅拌成面团，入醒发箱发酵。

2）发酵 15 min 后，将面坯分割为 80 g 一个的小面坯，揉圆，用塑料布盖好，在案台继续醒发约 20 min。

3）将醒发后的面坯再揉圆，并在表面刷鸡蛋液，粘芝麻，入醒发箱约 30 min，然后放入 220 ℃烤箱，烘烤约 10 min 即可。

（3）质量标准。色泽金黄，组织内部松软。

（4）注意事项

1）鸡蛋液要刷均匀，芝麻要粘匀。

2）正确掌握醒发时间，在案台醒发时要防止面坯表面皱皮。

3）灵活控制烘烤的时间和温度。

【例 5-10】 黄油软面包（brioche）

（1）用料配比。面包粉 500 g，糖 50 g，助发剂（S-500）10 g，黄油 100 g，蛋黄

6个，酵母粉20 g，牛奶250 g，盐15 g。

（2）工艺过程

1）在所用的黄油软面包模具上刷一层熔化的黄油。

2）把过罗面粉放入搅拌机内，加入糖、助发剂、黄油、酵母粉、蛋黄和牛奶，中速搅拌。

3）搅制成面团后，放入盐，再搅拌10~15 min。

4）将打好的面团切割成适当大小的面坯，并分别揉圆，揉光滑，盖好，醒发20~30 min。

5）将醒发好的面团再分成小份，滚圆，再次醒发10~15 min。

6）将醒发后的小面坯顶部搓出一个小圆球，然后放到模具内，全部制作完成后放入醒发箱，醒发20~30 min。

7）醒发完成后，在制品表面刷一层蛋黄液，放入温度为210 ℃的烤箱，烤10~20 min即可。

（3）质量要求

1）成品应色泽金黄、均匀。

2）成品造型整齐、端正，大小一致。

3）成品软硬适中，不煳不生。

4）成品内部组织松软，蜂窝均匀，口味甜咸适中，有浓郁的黄油香味，无异味。

5）成品符合设计质量及卫生要求。

（4）注意事项

1）调制面团时，如果夏季室温过高，可以加入适量冰块，降低和面时的面粉温度。

2）掌握好面团的醒发程度，及时成型，及时烘烤。

第四节　果　　冻

果冻（jelly）属西式面点中冷冻甜点的一种，它不含乳及脂肪，是用果冻粉或结力粉（片）、水或果汁、糖、水果丁及食用色素或香精调制而成的。它酸甜适度，凉爽可口，细腻光滑，入口即化，是深受中外消费者（尤其是儿童及青少年消费者）喜爱的甜食。

一、果冻的调制

1. 特性

果冻这类冷冻甜点是完全靠结力粉（片）的凝胶作用凝固而成的，利用结力粉（片）的这一特性，可使用不同的模具生产出风格、形态各异的成品。

常见的果冻种类有水果果冻、果汁果冻、甜酒果冻、椰奶果冻、西米露果冻等。

果冻类冷冻甜点，是一种物美价廉的甜点，常常用作西式自助餐甜点，也常用作各类宴会的甜品，尤其是在夏季用得更多。

2. 一般用料

果冻属不含脂肪和乳质的冷冻食品，一般用料是果汁、结力、水、糖、香精、食用色素等。为了提高制品的营养价值，常在制作中加入适量的水果丁。

3. 调制方法

果冻的调制方法较简单，根据所用凝固原料的不同，果冻的调制方法有以下两种：

（1）使用果冻粉。使用果冻粉调制果冻液是最方便、最省时的方法，因为所有的凝固原料——果冻粉都已在工厂配制好，并经过消毒、干燥处理后包装上市。使用者只需按照产品包装上的使用说明、用量配比表使用即可。例如，制作水果果冻，只需将果冻粉、温开水、什锦水果丁按1∶4∶1的比例调配好，即可制作成品。

（2）使用结力。使用结力制作果冻是目前较常用的方法。结力有粉状和片状两种，在实际使用时，要参照不同原料的使用说明来使用。如使用结力片，需要先把结力片用凉水泡软，然后再调制。若使用结力粉，则要求先用少量凉水澥一澥，再进行调制。

在实际工作中，无论使用哪种原料，都要保证正常的基本使用量，但根据需要可适当增加。因为果冻是一种凝结的半固体食品，只有在保证基本使用量的基础上才能形成制品特点，所以，果冻内部的胶体结构和硬度（稠密度）与结力液体的浓度有关。一般情况下，结力液占全部液体的2%时，才能使液体基本凝固，随着结力液浓度的不断增加，制品的凝胶作用逐渐增强。酸性物质对结力的凝胶作用有影响，如柠檬汁、醋、番茄汁等酸性物质能破坏结力的凝胶力，使果冻成品的弹性降低。所以当制品中有酸性物质时，要适当增加结力的使用量。

4. 注意事项

（1）结力一定要溶化彻底，不能有疙瘩。

（2）为确保果冻质量，要正确掌握果冻粉、结力的使用量。如用量太少，成品不能凝固成型，或凝固后的成品太软，不能保持应有的形状。如用量太多，成品中凝固胶结过多，产品坚硬，失去制品应有的口感和质感。因此，在操作中，应严格按照产品说明使用。

（3）在调制果冻液时，要将液体温度降至室温后，才能放入冰箱冷却。

二、果冻的成型

1. 工艺方法

果冻的成型与果冻的用料配方、模具的使用有着十分紧密的关系。果冻大多依靠模具成型，其一般方法是：将已调配好的果冻混合液体装入各种类型的模具里，在低温的环境中凝固，形成制品。

使用结力粉或结力片制作的果冻成型方法与使用果冻粉的成型方法相同。果冻的形状与所用模具的大小、形态、冷却时间有关。

一般来讲，果冻的成型不用大型的或结构复杂的模具。因为果冻内的凝胶力不足以保持大型模具制作出的成品的支撑力，如果加大原料的使用量，就必然降低成品的应有质量和口感，甚至不能食用。因此，在使用模具时，大多应用小的、简单的模具，以确保成品应有的造型和食用质量。

2. 注意事项

（1）果冻液倒入模具时，应避免起沫，如果有泡沫，应用干净的工具将泡沫撇出，否则冷却后会影响成品的美观。

（2）制作果冻所用的水果丁，使用前应沥干水分，以保证成品的品质。

（3）若需使用水果，尽量少用或不用含酸物质多的水果，如柠檬、鲜菠萝等，因其酸会降低果冻的凝胶力，使成品的弹性降低，必要时可将此类水果蒸煮几分钟，使其蛋白酶失去活性后使用。

（4）果冻类甜点是直接入口的食品，要保证所用模具的卫生。

三、果冻的定型

1. 工艺方法

果冻的定型主要是通过冷却的方法。结力的用量、定型的温度和时间与定型质量有关。

定型的一般方法是：将调制好的果冻液体倒入模具中，放冰箱内冷却定型。

定型所需的时间取决于果冻配方中结力的用量。配方中结力的用量越大，凝固

定型所需的时间越短，但结力的用量并不是越多越好，使用过多，成品凝固过硬，不仅失去果冻应有的口感，而且也失去果冻应有的品质。一般情况下结力的用量为3%~6%，冷却时间需 3~5 h。

果冻定型时的温度一般为 0~4 ℃。一般来讲，温度越低，果冻定型所需时间也就越短，反之则长。果冻定型时不宜放入温度在 0 ℃以下的冰箱内。因为果冻内大部分原料为含水的液体原料，若在 0 ℃以下的低温冷却，会使果冻结冰，失去果冻原有的品质。

2. 注意事项

（1）果冻定型时，应在恒温冰箱内进行，不可放入冷冻冰箱内，否则，成品将失去应有的光泽和质感。

（2）果冻在进入冰箱冷却定型时，应在其表面封上一层保鲜膜，以防和其他食品的味道相混，影响自身的口味。

（3）定型后的制品脱模时，要保证制品的完整。

【例 5-11】 什锦果冻（mixed jelly）

（1）用料配比。结力片 15 g，砂糖 80 g，什锦水果丁 120 g，白兰地酒 10 g，水 250 g，色素适量。

（2）调制工艺

1）用凉水将结力片泡软。

2）将水、砂糖上火煮沸，加入泡软的结力片，放凉后用白兰地酒混合均匀过滤。

3）将水果丁沥干水分，放入模具里。

4）将放凉后的结力、糖水倒入盛有水果丁的模具，占模具容积的 50%，待果冻凝固，再放入一些水果丁，然后再加入剩余的结力、糖水，最后放入冰箱，冷冻 3~5 h即为什锦果冻。

5）取出果冻，倒在甜食盘上，进行必要的装饰。

（3）质量标准。形态完整，透明有光泽，硬度适中，口感滑润。

（4）注意事项

1）制作果冻的水果要新鲜、卫生，水果丁大小要均匀，颜色要搭配合适。

2）制作果冻的模具应用开口大的模具。

3）如果要加入鲜菠萝或酸性水果，应先加热 2 min，罐装菠萝已经加热过，可直接使用。

4）水果丁使用前应沥干水分，因为水分过多会稀释液体，延长凝固时间，使制品稀软，影响质量。

【例 5–12】　红酒果冻（red wine jelly）

（1）用料配比。结力片 20 g，红酒 1 000 g，糖 300 g，什锦水果丁 600 g。

（2）工艺过程

1）先把结力片用冷水泡软后溶化。

2）将红酒、糖放入平底锅内，上火煮开，加入结力片，拌匀后离火冷却。

3）将冷却后的果冻液体倒入所用的模具内，加入什锦水果丁，拌匀后放入冷藏冰箱内定型。

4）食用时从冰箱取出，将果冻从模具内倒出，放在甜食盘上，用鲜水果加以装饰美化后即为成品。

（3）质量要求

1）成品软硬适中，有光泽及红酒的色泽。

2）成品的口味香浓，酸甜适度，清爽宜人。

3）成品内部水果丁分布均匀。

4）成品符合质量、卫生要求，无杂质、无异味。

（4）注意事项

1）调制果冻产品时，应尽量不用或少用人工合成香精以及色素。

2）加入的水果丁要适量，过多、过少都会影响成品的质量。

3）一定要在果冻液体完全冷却后，再加水果丁。

【例 5–13】　香橙果冻（orange jelly）

（1）用料配比。水 1 000 g，糖 1 000 g，结力粉 90 g，冰水 1 000 g，橙香精、色素少许，水果丁适量。

（2）工艺过程

1）将糖、水、结力粉放在一起煮沸，然后放入适量的橙香精及色素。

2）加入冰水搅匀，倒入模具里（倒入量为模具容积的 1/2），加入水果丁，待冷却后再加入剩余的果冻液，放入冰箱。

3）食用时，用热水冲一下模具即可倒出。

（3）质量标准

1）成品形态完整，软硬适度，透明有光泽。

2）香甜可口，具有浓厚的香橙味。

（4）注意事项

1）倒入果冻液的量要适中，以免影响制品的形状。

2）香精及色素的用量要适量，不宜过多。

第六章

装饰工艺

随着社会的发展和进步，人们生活水平的不断提高，人们对美的追求已经发展到日常生活中的各个领域。

现代西式甜点制品不仅要满足人的营养需求，还要满足人们对食品美的心理需求。西式甜点能给人一种美的享受，这是西点生产人员的最大追求。西式甜点的艺术造型和色彩是人们欣赏甜点的第一感觉，要想给人以赏心悦目的强烈印象，最重要的工艺就是西点的装饰。

第一节 装 盘

装盘，是西式甜点装饰工艺的第一步，也是最基本的装饰工艺。西式甜点的食用离不开各式各样的餐具，尤其是盛放甜点上台服务的餐具用品。在行业中，无论是金属制品、玻璃制品、陶瓷制品，也无论大小、形状，统称为盘。

装盘是一门艺术，也是西式甜点制品艺术不可分割的一部分。它能直接反映甜点制品的优劣，影响制品整体构图的美观，同时，装盘还能反映出制作者的艺术修养和内心情感。

一、装盘的基本方法

西式甜点的装盘没有固定的方法，也没有统一的标准。一般来讲，只要能使人产生清新悦目的美感，和谐、自然、欢快的美感，即为佳品。

从西式用餐习惯上来讲，装盘是有一定规律和方法的。按西方用餐性质，西式甜点的装盘方法可分为以下几种：

1. 大型宴会自助餐甜点装盘基本方法

大型宴会自助餐的甜点种类较多，用量也较大，举办者大多设立多张自助餐台。每百人设立一张自助餐台为宜。

大型宴会自助餐的甜点装盘，可根据所提供甜点的品种和数量，灵活使用餐具。可将不同类型的甜点码放在大银盘、大镜盘上，并在局部加一些装饰品。也可以使用不同尺寸、不同式样的盘子，盛放不同品种的甜点。为了增加整体摆放的艺术效果，各种甜点的摆放盘下可以垫上高低不等的支架，用来突出不同甜点的特点。

大型宴会自助餐的甜点装盘，应考虑所用餐具和甜点之间的色彩搭配，相互之间的比例等。例如，法式小甜点类可以混合码放在大盘子上，以突出整体效果；各种蛋糕、果冻、鲜果沙拉等，可分别使用与之相配的餐具，力争做到从整体到局部再到个体的统一、和谐，做到码放整齐美观，色彩鲜明，盘与盘之间错落有致、层次感强，各种甜品与配盘相互呼应、相得益彰。

2. 小型酒会甜点装盘基本方法

小型酒会一般参加人数在百人以下，而且大多以站立为主。所用的甜点以小块点心为主，如迷你法式小点等。此类小甜点装盘时，首先要选择适合的餐具用盘，一般可选用圆形、长方形银盘，各种尺寸的镜盘、花盘等。

小甜点在码放时，应做到疏密适宜，排列整齐、美观。另外，每一块小甜点的下面应加一纸垫，这样既方便宾客取用，又保证甜点的干净卫生。

为了增加甜点在不同餐盘中的精美造型，往往还会在盘中加适量的装饰品，如鲜花、巧克力、糖粉等，营造酒会气氛。

3. 风味餐厅自助餐甜点装盘基本方法

对于风味餐厅来说，自助餐台上的所有食品都有一个共同的特点，那就是突出餐厅的风格。风味餐厅自助餐一般品种较多，并有专门的甜点自助餐台。因此，对甜点的品种和装盘摆放都有一定的要求。由于甜点品种多、造型各异、色彩不同，用来码

放甜点的餐盘就显得更加重要。一方面，餐盘的式样、风格、色彩等要和餐厅的风格一致；另一方面，餐盘的特点又要能突出甜点的风格特点。

4. 餐厅零点甜点装盘基本方法

在西方饮食习惯中，零点菜肴不仅是一个餐厅、一家酒店的饮食精华所在，也是正式用餐者的首选。因此，零点甜点的制作、装盘和装饰非常重要。

零点甜点都是经过制作、品尝、修改、确定、实行等一系列的严格程序才得以正式列入菜单的。因此，用餐者对零点甜点的期望和要求较高，对甜点盛放的餐具也有一定的要求。对于饭店来讲，这一点尤其重要，星级越高的饭店，食品的餐具、用具也就越讲究。

餐厅零点甜点的装盘方法，可根据餐厅的风格、甜点的性质来确定。宗旨是既要和餐厅的风格、档次相适应，又要能突出甜点的特色和风味。一般来说，以使用瓷制餐盘为主，也有的用玻璃餐具及其他材料制成的盘子。

零点甜点装盘的基本方法有以下几种：

（1）将甜点、配料、装饰物按照主宾位置安排在同一盘内。此方法的最大好处在于整体感强，色彩鲜艳，使人一目了然。

（2）将甜点和装饰物装在一个盘中，而将调味料、少司等放入另外一个小容器内，然后一同上桌。此方法机动灵活，给食用者更大的自主性。甜点盘内由于少了一部分配料，更加突出甜点的精美造型。

（3）将甜点盛放到特定的餐具内，如玻璃杯、瓷罐等。甜点上再放上相应的装饰品和其他配料，然后上桌。此方法简单、明快、立体感强。使用玻璃制品时，还可直观地看到成品内部组织。采用此方法装盘的西式甜点有巧克力慕斯、冰激凌、水果沙拉等。

西式零点甜点的装盘方法多种多样，可根据餐厅特点和甜点的风味灵活运用，做到典雅自然、动静结合、色彩丰富。这对提高甜点制作者的想象力、创造力和审美观是非常重要的。

5. 宴会套餐甜点装盘基本方法

宴会套餐一般指西式宴会午、晚宴。因为是正统的用餐，所以规格、档次、要求都较高。对食品的品质也有较高的标准。尤其是食品的装盘技巧以及每道菜点之间餐具的不同式样、风格，就显得更加重要了。

宴会套餐甜点的装盘方法，根据宴会标准、性质有其特殊的要求和规定。

（1）标准宴会套餐所用的甜点盘大都为圆形，直径为20~25 cm。要求干净卫生，无破损。一般不用旧盘子，以免影响甜点上桌的档次。

（2）以圆盘内缘为中心，甜点主体在圆盘下方偏左，装饰品在圆盘正上方偏右，配料或汁在圆盘正下方偏右。如果还有其他的配料或装饰品，可放在圆盘正上方偏右的位置，但要根据配料、装饰品的主次合理安排码放位置。

（3）宴会套餐甜点对于每个人都是相同的，因此必须要保证每盘甜点的质量、装盘方法都相同。这是西式宴会套餐最基本的准则。

（4）如果使用玻璃杯或其他类似的餐具，要保证每一杯内的甜点分量相等，不可多的多、少的少。还要根据餐具的自身特点，合理安排甜点及配料、饰物的位置，以客人用餐时方便、舒适为原则，并尽量做到突出食品的造型和色彩，展示制作者的创作技巧和艺术修养。

6. 大型展览会甜点装盘基本方法

随着食品工艺的迅速发展，各类食品工艺的展览会日益增加，加之各类烹饪技术大赛的增多，甜点的展示功能也越来越重要。

由于展览和普通用餐有着根本的区别，在甜点装盘的方式方法和技巧上也有着巨大的差别，尤其是甜点装盘的主题、造型及其艺术性，都和一般甜点装盘有着根本上的差异。

大型展览会甜点装盘应选择造型优美、颜色高雅、质量上乘的餐盘及盛放用具。高质量、高品质、造型独特的餐具不仅可以显示出使用者非同一般的想象力和艺术修养，还可以突出甜点的精美、高雅。甜点的种类和色泽应和使用的餐具和谐，既要活泼、清新，又要色彩鲜明、豪华气派。

大型展览会甜点装盘可以采用夸张、抽象、对比等方式方法，达到突出主题的效果。总的来说，大型展览会甜品装盘方法，以突出造型和艺术感染力为主，通过造型各异的甜点，展示出制作者的精巧技艺和艺术创造力。

7. 重要宴会及客人的甜点装盘基本方法

在实际工作中，无论是一般的宾馆、饭店，还是星级豪华酒店，往往会有许多重要宴会，会有重要客人用餐。这些宴会规格、档次都要求最高的标准。

甜点盘直径一般为 25 cm 左右，多为西式白瓷圆盘或欧式花圆盘。太小的圆盘不能保证甜点及其装饰品的空间，另外，过小的餐具也和宴会的性质不符，所以在餐具的选用上应特别注意。

重要宴会的甜点装盘一般有精美的装饰品码放，用料一般为可食性原料，如巧克力、糖粉、焦糖等。在装盘时，应充分考虑饰物所占的比例和甜点的大小形状是否相符。

重要宴会甜点的装盘方法和西式套餐的方法基本相同，但有以下几点应注意：

（1）重要宴会甜点的装盘，一般要求盘子的温度和甜点的特性相适应。也就是说，

如果所提供的是热甜点，如苹果卷、热苏夫利等，那么所用的甜点盘在上桌时也应是热的。这就要求所用的装饰品必须是耐热制品。

（2）甜点所配的汁类、配料可以单独使用另外的餐具盛放。这一点对于冷的甜点更加重要。如芭菲、冻苏夫利等，在上桌时往往配以热的汁类。分开上桌的好处在于可以不影响甜点的造型及色彩。

（3）有些重要宴会的甜点不是单一品种，有时可能是三四种码放到一个盘中，因此就需要合理的装盘方法和技巧，既不能杂乱无章，相互影响，又要突出重点，展示整体艺术造型。

（4）如果宴会主办者对甜点装盘方法有特殊的要求，应按照主办者的意图来操作。

二、装盘的注意事项

装盘是西式甜点装饰工艺中重要的工艺之一，它不仅关系到甜点上桌时整体的造型和风格，还直接影响成品的质量。好的装盘效果，不仅可以使人产生喜悦的心情，引发人的食欲，更能增加入们的艺术情趣，展现食品艺术的魅力。因此，在实际工作中，甜点的装盘应注意以下几个方面：

（1）无论使用何种盘子，都应保证盘子干净卫生、无破损。

（2）甜点装盘时，所有的主料、配料及饰品不得超出盘子的外沿。

（3）装盘后应保证盘子四周没有异物及汤汁，如有应擦干净。

（4）装盘后的甜点应尽快上桌，以保证甜点及配料的新鲜和卫生。

第二节　构　　图

构图是对食品造型艺术的主题、色彩、结构等内容进行预先设计，以便体现食品造型的内容美、形式美、原料美、色彩美。因此，构图在食品造型工艺中具有重要意义。

一、构图的基本方法

构图的基本方法应紧紧围绕以下几个方面展开：

1. 食品造型的目的

食品造型的目的在于通过造型展示食品的艺术魅力，展示制作者巧夺天工的技艺。可以说，食品造型的构图意识，应在食品制作时就已产生，因为食品在整个造型过程中占的位置最重要。所有的构图方法，都要以食品为主，并以它为中心展开。

2. 食品造型创作的主题

任何创作都要有一个主题，食品造型创作也不例外。创作的主题一方面来自食品的自身特点，另一方面来自创作者利用自身的情感进行造型创作的艺术加工。

在设计食品造型时，造型的主题是构图过程中自始至终所要表现的中心意图，从食品的性质、风味，到各种主配料的使用，以及食品的色彩、味道，包括所使用的餐具等，都要从属于、服务于中心意图。

3. 食品造型与用料的关系

食品造型离不开各种原料的使用，在构图中应考虑使用何种用料才能最完美地表达出食品造型的主题，才能完整展现食品的价值。在构图中，还要考虑到用料的种类、色彩、软硬度是否和所要表达的主题相符。

4. 食品造型与餐具、容器的关系

食品的造型与外界因素的关系极大。在西式面点、甜点的造型过程中，应考虑食品造型与所用餐具、容器的关系。因此，在构图中，食品与餐具的大小、色彩、形状、种类都要做到紧扣创意，突出主题。

二、构图的注意事项

1. 应以简洁明快、主题突出为原则，在食品造型过程中不可主次不分。
2. 应以清新、自然为原则，在此基础上加以造型和装饰。
3. 应考虑色彩的和谐、优雅。
4. 应以食品的特点、形状、色泽为基础，并在此基础上加以造型和装饰。

第二部分　西式面点师中级

第七章

辅助原料知识

第一节 乳及乳制品

一、种类

乳及乳制品（dairy products）是西点制品中常用的辅助原料，一般常见的有牛奶、酸奶、炼乳、奶粉、奶油、奶酪等。

1. 牛奶（milk）

牛奶又称牛乳，是一种白色或淡黄色的不透明液体，具有特殊的香味。牛奶中含有丰富的蛋白质、脂肪和多种维生素及矿物质，还有一些胆固醇、酶及磷脂等微量成分。牛奶易被人体消化吸收，有很高的营养价值，是西式面点常用的原料。

2. 酸奶（yogurt）

酸奶是将牛奶经过特殊处理发酵而制得的。酸奶有令人愉快的酸味，这是由于乳糖分解为乳酸的缘故，这种变化是由细菌作用而产生的。酸奶的营养价值与牛奶的营养价值相同，常用于西式早餐和制作一些特殊风味的蛋糕。

3. 炼乳（condensed milk）

炼乳有甜炼乳和淡乳两种，在饭店中甜炼乳用途较广，常用于制作布丁类的甜食。

4. 奶粉（milk powder）

奶粉是以鲜奶为原料，经过浓缩后用喷雾干燥法或滚筒干燥法制成的。奶粉有全脂、半脂和脱脂三种类型，广泛用于面点制作。

5. 奶油（cream）

奶油是从鲜牛奶中分离出来的乳制品，一般为乳白色稠状液体，乳香味浓，具有丰富的营养价值和食用价值。根据含脂率的不同，鲜奶油通常分为含脂率为18%~30%的轻质奶油和含脂率为40%~50%的重质奶油两种。一般西点使用前者。鲜奶油容易变质，最好放入冰箱保存。

6. 奶酪（cheese）

奶酪又称乳酪。奶在凝化酶的作用下，其中的酪蛋白凝固，在微生物与酶的作用下，经较长时间的生化变化而加工制成奶酪。奶酪的营养价值很高，含有丰富的蛋白质、脂肪、钙、磷和维生素。

奶酪主要用于制作奶油奶酪饼、奶酪条、奶酪蛋糕等。

二、性能

牛奶、奶粉在西点中的性能主要体现为对制品的乳化性。

乳化性主要是因为乳品中的蛋白质含有乳清蛋白。乳清蛋白在食品中可作为乳化剂，能降低油和水之间的界面张力，形成均匀稳定的乳浊液。

西点的配方中加入牛奶或奶粉后，不仅可以提高制品的营养价值，产生香醇滋味，而且由于其良好的乳化性能，能改善制品内部的组织状态，使制品膨松、柔软可口，同时还可以延缓制品的"老化"。

三、品质检验与保管

1. 牛奶

优质牛奶呈乳白色，略有甜味并有鲜奶香味，无杂质，无异味。由于牛奶含水量高，常温下极易繁殖细菌而酸败变质，因此要低温储存。

2. 酸奶

优质酸奶呈均匀的半固态，乳白色，无杂质，无异味，味稍甜并带有酸奶香味，一般宜低温储存。

3. 炼乳

炼乳为白色或淡黄色黏稠液体，色泽均匀，口味纯正，无脂肪上浮，无霉斑、异味，宜储存在低温、通风、干燥处。

4. 奶粉

质量好的奶粉为白色或浅黄色的干燥粉末，奶香味纯正，无杂质，无结块，无异味。由于奶粉容易吸湿结块和吸收环境中的异味，因此保管时要密封、避热，在通风良好的环境中储存，同时注意不与有异味的物品放在一起。

5. 鲜奶油

优质鲜奶油气味芳香、纯正，口味稍甜，质地细腻，无杂质，无结块，宜于低温冷藏。

6. 奶酪

优质奶酪气味正常，内部组织紧密，切片整齐不碎，宜冷藏储存。蜡皮完好的奶酪可较长时间冷藏，去掉蜡皮后应及时使用，不宜长时间存放。

第二节　食品添加剂

食品添加剂是指在不影响食品营养价值的基础上，为改善食品的感观性状，提高制品质量，防止食品腐败变质，在食品加工中人为地加入的适量的化学合成物或天然物质。

食品添加剂的种类很多，按其原料来源可分为天然食品添加剂和化学合成食品添加剂两大类，按用途又可分为膨松剂、着色剂、赋香剂、凝固剂、乳化剂、防腐剂等。西点中常用的有膨松剂、面团改良剂、乳化剂、食用色素、香精、香料、增稠剂等。

一、膨松剂（leavening agent）

膨松剂又称膨胀剂、疏松剂。它能使制品内部形成均匀、致密的多孔组织，是西点制作中的主要添加剂。食品膨松剂根据原料性质、组成不同可分为化学膨松剂和生物膨松剂两大类，其中化学膨松剂又可分为碱性膨松剂和复合膨松剂。

1. 化学膨松剂

目前在食品加工中应用较广泛的化学膨松剂是碳酸氢钠、碳酸氢铵、发酵粉。

（1）碳酸氢钠。俗称小苏打，呈白色粉末状，味微咸，无臭味，分解温度60 ℃

以上，加热至270 ℃失去全部二氧化碳，但在潮湿或热空气中能缓缓分解，产气量约261 mL/g，pH值8.3，水溶液呈碱性。

碳酸氢钠受热分解后残留部分为碳酸钠，使成品呈碱性，如果使用不当，不仅会影响成品口味，而且会影响成品的色泽，使成品表面出现黄色斑点，因此，使用时要注意用量。

（2）碳酸氢铵。俗称食臭粉、臭碱，为白色粉状结晶，有氨臭味，对热不稳定，在空气中风化，固体在58 ℃、水溶液在70 ℃分解出氨和二氧化碳，产气量约700 mL/g，易溶于水，稍有吸湿性，pH值7.8，水溶液呈弱碱性。

碳酸氢铵与碳酸氢钠比产气量大，膨胀力强。如果用量不当，就容易造成成品质地过松，内部或表面出现大的孔洞。

（3）发酵粉。发酵粉俗称泡打粉、焙粉、发粉，呈白色粉末状，无异味，在冷水中分解。它是由碱性物质、酸式盐和填充物按一定比例混合而成的复合膨松剂。在发酵中主要是酸剂和碱剂相互作用，产生二氧化碳，填充物多选用淀粉，其作用在于延长保存期，防止发酵粉的吸湿结块和失效，同时还可以调节气体产生速度，促使气泡均匀产生。

由于发酵粉是根据酸碱中和反应的原理而配制的，因此它的水溶液基本呈中性，消除了小苏打和臭碱在各自使用中的缺点。用发酵粉制作的点心具有组织均匀、质地细腻、无大孔洞、颜色正常、风味纯正的特点，被广泛用于糕点的制作。

2. 生物膨松剂

西式面点中使用的生物膨松剂主要是酵母。酵母是单细胞生物，在养料、温度、湿度等条件适合时，能迅速繁殖。发酵面团的膨发作用是通过酵母的发酵来完成的。目前，常见的酵母有鲜酵母、活性干酵母、即发活性干酵母。

（1）鲜酵母。又称压榨鲜酵母，呈块状，乳白色或淡黄色，它是酵母菌在培养基中通过培养、繁殖、分离、压榨而制成的。鲜酵母具有特殊的香味，含水量在75%以下，发酵力强而均匀，使用前先用温水化开再掺入面粉一起搅拌。鲜酵母在高温下储存容易变质和自溶，因此，宜低温储存。

（2）活性干酵母。活性干酵母是由鲜酵母低温干燥制成的颗粒状酵母，这种酵母使用前需用温水活化，便于储存，发酵力较强。

（3）即发活性干酵母。它是一种发酵速度很快的高活性新型干酵母。这种酵母的活性远远高于鲜酵母和活性干酵母，具有发酵力强、发酵速度快、活性稳定、便于储存等优点。使用时不需活化，但要注意添加顺序，应在所有原辅料搅拌2~3 min后再加入即发活性干酵母。特别注意即发活性干酵母不能直接接触冷水，否则会严重影响它的活性。

二、面团改良剂（dough improver）

面团改良剂主要用于面包的生产，在面包面团中使用，能增加面团的搅拌耐力，加快面团成熟，改善制品的组织结构。

三、乳化剂（emulsifier）

乳化剂又称抗老化剂、发泡剂等。它是一种多功能的表面活性剂。在食品加工中，它一般具有发泡和乳化双重功能：作为发泡剂使用能维持泡沫体系的稳定，使制品获得一个致密而疏松的结构；作为乳化剂使用则能维持油、水分散体系的稳定，使制品的内部组织均匀、细腻。目前在蛋糕制作中广泛使用的蛋糕油即是一种蛋糕乳化剂。

四、食用色素（edible coloring）

食用色素又称着色剂，它是以食品着色为目的的食品添加剂。食用色素按其来源和性质可分为食用人工合成色素和食用天然色素两大类。

1. 食用人工合成色素

食用人工合成色素色彩鲜艳，色泽稳定，使用方便，使用时需要严格控制用量。

（1）一般性质

1）溶解性。水溶性色素的溶解度随温度的升高而增加，随 pH 值的降低而降低。在硬度高的水中色素易变成难溶的色素沉淀。

2）稳定性。稳定性是衡量食用人工合成色素品质的主要指标。影响人工合成色素稳定性的因素主要有热、酸、碱、氧化、日光、盐、细菌等。

（2）食用人工合成色素的配色

1）基本色。又称原色，是指能混合成其他一切色彩的色，即红色、黄色、蓝色。在烹饪美学中，食品为五原色，即红色、黄色、绿色、白色、黑色。

2）二次色。又称间色。二次色由两种基本色混合而成，如橙色、绿色、紫色。

3）三次色。又称复色。两间色相加即成三次色，如灰色。

三原色拼制的不同色谱如下：

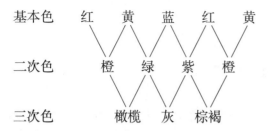

色素溶液的配制应注意以下几点：第一，色素溶液浓度为 1% ~10%；第二，色素溶液浓度应按每次用量配制；第三，色素溶剂应选用蒸馏水或冷却后的沸水。

（3）常用的人工合成色素。目前，我国允许使用的人工合成色素有苋菜红、胭脂红、柠檬黄、日落黄和靛蓝。

1）苋菜红。为红色均匀粉末，无臭，0.01% 的水溶液呈玫瑰红色，不溶于油脂。耐光、耐热、耐盐、耐酸性能良好，对氧化还原作用敏感。

2）胭脂红。为红至深红色粉末，无臭，水溶液呈红色，不溶于油脂。耐光、耐酸性能良好，耐热、耐还原、耐细菌性能较弱，遇碱稍变成褐色。

3）柠檬黄。为橙黄色粉末，无臭，0.1% 的水溶液呈黄色，不溶于油脂。耐光、耐热、耐盐、耐酸性能均好，耐氧化性差，遇碱稍变红，还原时褪色。

4）日落黄。为橙色颗粒或粉末状，无臭，0.1% 的水溶液呈橙黄色，不溶于油脂。耐光、耐热、耐酸性能极强，遇碱呈红褐色，还原时褪色。

5）靛蓝。为蓝色均匀粉末，无臭，0.05% 的水溶液呈深蓝色，不溶于油脂。对光、热、酸、碱、氧化均很敏感，耐盐性、耐细菌性能较弱，还原时褪色，着色力好。

我国规定食用人工合成色素的使用量为，苋菜红、胭脂红不超过 0.05 g/kg，柠檬黄、日落黄、靛蓝不超过 0.01 g/kg。

食用人工合成色素因吸湿性强，应储存在干燥、阴凉处，若长期保存应装在密封容器中，防止受潮变质。

2. 食用天然色素

食用天然色素大多是指从动植物组织中提取的色素。色调比较自然，无毒性，有些天然色素还有营养作用，如胡萝卜素等。但食用天然色素提取工艺复杂，性质不够稳定，不易着色均匀，不易调色。我国规定使用的食用天然色素有红曲色素、紫胶色素、胡萝卜素、叶绿素、焦糖等。此外，可可粉、咖啡也是西点中很好的调色料。

（1）红曲色素（红曲米）。红曲色素为整粒米或不规则的碎米，外表呈棕紫红色，溶于热水、酸及碱溶液，pH 值稳定，耐热、耐光性强，对蛋白质的着色性好，一旦着色后经水洗也不褪色。

（2）紫胶色素（紫草色素）。是紫胶虫在某些植物上所分泌的紫原胶中的一种色素成分，为鲜红色粉末，酸性时对热和光稳定，易溶于碱液，易与碱金属以外的金属离子生成沉淀。

（3）胡萝卜素。广泛存在于动植物组织中，为红紫色至暗红色的结晶状粉末，稍有特异味道，对酸、光、氧不稳定，色调在低浓度时呈橙黄到黄色，高浓度时呈红橙色，重金属离子可促使其褪色。

（4）叶绿素。广泛存在于绿色植物中，为有金属光泽的墨绿色粉末，水溶液呈蓝绿色，透明、无沉淀，耐光性较强。

（5）焦糖。又称酱色、糖色，是我国传统的色素之一，外观为红褐色或黑褐色的液体或固体，易溶于水，色调不受 pH 值及在空气中过度暴露的影响，但 pH 值大于 6 时易发霉。

食用天然色素一般保存在密封、遮光、阴凉处，不可直接接触铜、铁质容器。

五、香精、香料（flavoring essence，spice）

在西点制作中除使用乳品、蛋品等含有自然风味的原料外，还往往使用某些香精、香料，以增强或调节点心原有的风味。

香料按不同的来源，可分为天然香料和人工香料。天然香料是植物性香料，人工香料是以石油化工产品为原料经合成反应得到的化学物质。常用的天然香料有柠檬油、甜橙油、咖啡油和香草枝。人工香料一般不单独使用，多数配制成香精后使用。

西点中常用的香精有橘子、柠檬、香草、奶油、巧克力香精等。常用的合成香料是香兰素，对于一些特殊制品往往还使用烹调香料，如茴香、桂皮、豆蔻、胡椒等。

香精、香料广泛地使用于各种糕点、饼干、冰激凌和冷冻甜食中，由于有些合成的香精、香料有毒性，在使用时一定要严格掌握用量，按产品的说明书使用。

六、增稠剂（thickening agent）

增稠剂是改善或稳定食品的物理性质或组织状态的添加剂，它可以增加食品黏度，使食品黏滑适口，增加食品表面光泽，延长制品的保鲜期。

西点中常用的增稠剂有明胶片、鱼胶粉、琼脂、果胶、淀粉等。它们在西点中常用于冻甜食以及某些馅料、装饰料的制作，起增稠、胶凝、稳定和装饰作用。

第三节　其他辅助原料

西式面点常用的其他辅助原料有可可粉、巧克力、可可脂、杏仁膏、风登糖等。

一、可可粉和巧克力（cocoa powder and chocolate）

可可粉是可可豆的粉状制品，它的含脂率低，一般为20%。无味可可粉可与面粉混合制作蛋糕、面包、饼干，还能与黄油一起调制巧克力黄油酱。甜可可粉一般多用于夹心巧克力的辅料或筛在点心表面作为装饰等。

巧克力是面点装饰的主要原料之一，它在面点工艺中的性能，主要取决于巧克力中可可脂的含量。可可脂的含量不仅决定了巧克力本身的营养价值，还决定了巧克力的使用方法和用途。西点中常见的巧克力制品有无味巧克力、牛奶巧克力、白巧克力、黑巧克力等。无论哪种巧克力，它们在西点中一般都需在50℃左右的水中熔化后使用。巧克力在西点中的应用随种类不同而异，一般常见的是用于挂面、挤字、馅料、装饰以及巧克力模型等。

二、可可脂（cocoa butter）

可可脂是从可可树上结的可可豆中提取的油脂。可可树主要产地为非洲的加纳、阿尔及利亚，南美洲的委内瑞拉、巴西、厄瓜多尔，北美洲的特立尼达和多巴哥、墨西哥，亚洲的斯里兰卡、印度尼西亚。可可豆的仁含油50%~55%。可将可可豆清理、烘焙、去壳，再压榨出可可脂。可可脂是淡黄色固体，带有可可豆特有的滋味及香气。可可脂主要用于制作巧克力。可可脂所具有的特殊香气是巧克力所必需的，所以，可可脂一般不需经碱炼及脱臭等处理。可可脂中含有天然抗氧化剂，因而化学性质稳定，与一般油脂相比，可可脂特别不易因氧化而酸败变质。

可可脂的化学组成比较单一，它的熔点范围较窄，在低于其熔点的常温下脆硬而无油腻感，但在入口后又很快熔化，适合作为巧克力的油脂原料。如在生产巧克力时，为了使产品具有理想的外观和口感，可加入适量的可可脂。

三、杏仁膏（marzipan）

杏仁膏又称马司板、杏仁面，是由杏仁和白糖经加工制作而成的，它细腻、柔软、可塑性好，是制作高级西点的原料。杏仁膏在西点中的用处很多，可制馅、制皮、捏制花鸟鱼虫等装饰品。

四、风登糖（fondant）

风登糖又称翻砂糖、封糖。它是糖的再制品，呈膏状，洁白细腻，在西点中是不可缺少的辅助原料。它可用于装饰点心的表面或挂在点心的表层，也能在其内加入色素或可可粉挤出各种花纹图案，应用广泛。

五、调味酒（liqueur）

为了增加西点制品的风味，往往加入一些调味酒。西点中常用的调味酒有红酒、樱桃酒、朗姆酒、橘子酒、白兰地酒、薄荷酒等。其用量要根据食品的品种和调味酒的酒精度而定。由于调味酒具有挥发性，因此应该尽可能在冷却阶段或加工后期加入，以减少挥发损失。用酒作为调味料的原则是根据制品所用原料、口味选择酒的品种，不要因加酒而破坏制品原有的香醇风味。

六、盐（salt）

盐是西点常用的咸味调料，是面包制作中重要的辅助原料之一。

根据加工精度，盐分为精盐（再制盐）和粗盐（大盐）两种，其中精盐多用于西点制作。精盐的杂质较少，氯化钠含量在90%以上，外观为洁白、细小的颗粒状。盐的主要作用：

第一，增强面团筋力。盐具有渗透作用，当食盐加入面团后能改进面团中面筋的物理性质，使面团质地变密，弹性增强，面团在延伸或膨胀时不易断裂，能提高面团保持气体的能力。

第二，调节面团的发酵速度。在调制发酵面团时加入适量的食盐，对酵母的生长与繁殖有促进作用，同时对杂菌的生长也有一定的抑制作用。但用量过高，对酵母的生长繁殖不利。所以要严格控制盐的使用量，一般情况下不超过面粉总量的0.3%。

第三，杀菌防腐作用。食盐的渗透作用可以抑制有害菌类的生长，防止食物腐败变质，这一作用，对食物原料的储存具有重要意义。

优质的食盐色白，结晶小，疏松，不结块，咸味纯正。

此外，各种干鲜果品、罐头制品也是西点工艺中常用的辅助原料。常用的有杏仁片、核桃仁、椰丝、草莓、樱桃、猕猴桃、黄桃、杏酱、栗蓉等。

第八章

操作前的准备

西式面点制作和生产离不开用于西点制作的设备和工具。完善的设备和工具是完成西点制作的重要物质条件之一，因此，在实际操作之前，就十分有必要做好操作前的准备工作。操作前的准备工作，主要包括机械设备、工具、器具、原材料的准备，辅助原料的初步加工等，这些都是制作西点必不可少的先决条件。

第一节　准　备　工　具

用于西点制作的工具很多，大小形状各异，应该说每一种类型的工具都有其区别于其他工具的用途，即一物有一用。随着食品工具的发展，越来越多的工具向着多功能的标准发展，从而使操作者可以借助这些工具制作造型美观、各具特色的西点。

一、常用面点工具的种类与用途

常用的面点工具有搅拌用工具、定型用工具及模具等。下面对常用的工具及其主要用途作介绍。

1. 搅拌用工具

（1）拌料盆。有大、中、小号，可配套使用。外形有圆口圆底、底部无棱角的，有圆口上方带双耳的。拌料盆有用不锈钢材料制成的，也有用纯铜制成的。

（2）打蛋器。打蛋器又称起泡器、抽子。规格有大、中、小各种型号，用不锈钢丝捆在一起制成，具有轻便灵巧的特点，是打蛋糕、打蛋液、打奶油及搅拌各类少司的常用工具。

（3）木板。木板又称木勺子，前端勺形，柄较长，为木质或由无毒材料制成，可分为大、中、小各种规格，用来搅拌面粉或各式酱、馅及配料。

（4）搅拌及温控棒。以无毒白色硬塑料制成，前端宽扁弯曲，中间有孔洞，柄较长，用来搅拌及控制原料的温度，如搅拌巧克力、翻砂糖等。

2. 定型用工具

（1）抹刀。抹刀又称点心刀、平刀，用薄不锈钢片制成，无锋刃，圆头，木柄或塑料柄，刀片韧性好，型号有大、中、小号，是涂抹奶油、黄油酱以及装饰甜点的重要工具之一。抹刀可分为普通抹刀和曲抹刀两种。

（2）锯齿饼刀。由不锈钢制成，刀的一端有锋利的锯齿刀锋，是分割制品及半成品的工具，刀锋长度一般为 25~35 cm，能尽量保证被分割的制品形态完整。

（3）锯齿面包刀。由不锈钢制成，一边为锋利的锯齿刀锋，锯齿间隙及锯齿要比锯齿饼刀大而粗，是用来切割各式面包的重要工具。

（4）厨刀。又称分刀，由不锈钢制成，刀身前尖后宽，无锯齿，一般规格为 8~31 cm，可用来切割各种原材料及配料，如切各式鲜水果、饼干、生面坯等。

（5）去皮刀。由优质不锈钢制成，分有锯齿和无锯齿两种，刀锋长度为 8~12 cm。柄部有木柄和塑料柄两种。去皮刀一般用来去除果皮，或切割加工配料，也可用于蔬菜的加工。

（6）片刀。由不锈钢制成，一边有锋刃，无齿或有齿，用来切割甜点制品以便分份，刀锋长度在 23 cm 以上，分为尖头和圆头，一般圆头片刀使用较方便。

（7）刮刀。刮刀可分为面团刮刀和面团及奶油刮刀。面团刮刀一般为正方形或长方形不锈钢刀身，木柄或塑料柄，主要用于生面团的切割、分份。面团及奶油刮刀一般用塑料制成，有长方形、半圆形、正方形等形状，一般用于软生面团的切割清理及鲜奶油、黄油等软固体原料的盛放清理等。

（8）糕饼花边刮刀。用不锈钢及塑料制成，有长方形、三角形、半月形等形状，一边或两边为锯齿形，主要用于蛋糕侧边奶油、黄油的刮花、制曲线、制波浪形曲线等，也可用于花边条纹蛋糕坯的制作，以及巧克力装饰物制作等。

（9）滚刀。又称滚动面团切割器，木柄或塑料柄，一头为圆形可转动不锈钢刀片，或可转动不锈钢花边刀片，主要用于清酥、混酥生面坯的切割成型。

3. 模具

西式面点所用模具种类繁多，有烘烤用模具、甜点模具、巧克力模具、半成品或成品刻压模具。除此之外，还有用于蛋糕装饰及制作的模具及用具，如裱花嘴、裱花挤袋等。

（1）烘烤用模具。烘烤用模具包括蛋糕烘烤模具、面包烘烤模具、专用烘烤模具及烤盘。

1）蛋糕烘烤模具。用于烘烤各类蛋糕坯，由不锈钢、高温玻璃等材料制成。一般常用的种类有西饼圈、花边饼圈、花边酥圈、馅饼模、高身圆形饼模等。

2）面包烘烤模具。常用的有长方形面包模、开口面包模、全麦面包模、有盖面包模、圣诞面包模等。

3）专用烘烤模具。专用烘烤模具有法式面包烘板、圆形花边饼模、法兰克福圈饼模、派模、塔模、奶油酥角模。

4）烤盘。根据烘烤制品的要求，烤盘也有多种，常见的有面包烤盘、波浪形烤盘、疏孔烤盘、法式面包烤盘。

（2）甜点模具。甜点模具包括冷冻甜点模具、甜点成型模具、甜点装饰模具。

1）冷冻甜点模具。常见冷冻甜点模具有冰激凌南瓜模、圣诞冰激凌模、砖形冰激凌模、果子冻模、苏夫利模。

2）甜点成型模具。如心形甜点模、椭圆形甜点模、圆形甜点模。

3）甜点装饰模具。如结婚糕饼座、杏仁糕饼叶模、塔形糕饼套模、鸭形饼模、鱼形饼模、猬形饼模。

（3）巧克力模具。巧克力模具是西式面点制作中品种最多、形状最多的模具，从制作复活节、圣诞节的各类巧克力制品，到制作日常所用的各式巧克力糖果，都离不开各式各样的巧克力模具。

巧克力模具从用料上分有金属模具、塑料模具、橡胶模具等，从制作品种上又可分为巧克力糖模具、巧克力动物模具、英文字母及数字模具、复活节巧克力模具、圣诞节巧克力模具及其他品种。

1）巧克力糖模具。一般用塑料制成，形状有长形、方形、圆形、半圆形等，是西式甜点日常制作的重要工具。

2）巧克力动物模具。巧克力动物模具，一般有塑料模和金属模两种，近年来又有一种用软橡胶制成的模具，它可以制作更加复杂的动物造型。一般的常见动物的造型几乎都有，如鸡、鸭、猪、象、鱼等。

3）英文字母及数字模具。英文字母及数字模具，有塑料的和金属的两种。英文

字母模具可制作英文字母 A 至 Z，字母大小可按不同的模具选择。数字模具，可制作 0~9 的字模。

4）复活节巧克力模具。复活节巧克力模具是西式面点制作中重要的工具之一，复活节巧克力模具有塑料模具、金属模具、橡胶模具等，制作的品种也很多，最主要的有复活蛋模具、复活兔模具、复活鸡模具等。

5）圣诞节巧克力模具。圣诞节巧克力模具是西式面点制作中重要的模具，品种和造型都很丰富。常用的圣诞节巧克力模具有圣诞钟模、圣诞老人模、圣诞老人坐雪橇模、雪人模等。

（4）半成品或成品刻压模具。刻压模具为西式面点制作中使用最广的成型及装饰模具之一。刻压模具一般用不锈钢或硬塑料制成，主要品种有圆形面团切割模、套装花边面团刻压模、套装心形面团刻压模、套装星形面团刻压模、英文字母刻压模、数字刻压模、圣诞装饰刻压模、动物形糕饼刻压模、复活节糕饼面团刻压模、花朵形面团刻压模、面团印花模、饼干刻压模等。

（5）蛋糕装饰的模具、用具。用于西式面点蛋糕装饰的模具、用具品种繁多，在日常工作中，最常用的有奶油挤花袋、奶油挤花嘴、奶油装饰挤花嘴、旋转糕饼装饰座、塑料糕饼座、蛋糕装饰面团模、不锈钢糕饼装饰切割器等。

4. 面杖工具

擀面杖是面点制作中最常用的手工操作工具，其质量要求是结实耐用，表面光滑。以檀木或枣木制的质量最好。擀面杖根据其用途可分为以下几种：

（1）普通面杖。根据尺寸可分为大、中、小三种，大的长 80~100 cm，小的长约 33 cm，主要用于小型混酥、清酥和面包面坯的成型。

（2）通心槌。其构造是在粗大的面杖轴心有一个两头相通的孔，中间可插入一根比孔的直径略小的细棍作为柄，用于擀制体积较大的面坯，如清酥面坯等。使用时，要双手持柄，两手动作协调，擀制的面皮要平整均匀。

5. 案上清洁工具

（1）面刮板。又称刮刀，它是用铜片、铝片、铁片或塑料制成的，主要用于刮粉、和面、分割面团等。

（2）粉帚。以高粱苗或棕等为原料制成，主要用于案台上粉料的清扫。

6. 粉筛

粉筛又称罗，根据制作材料可分为绢制、棕制、马尾制、铜丝制、铁丝制等。根据用途不同，筛眼的大小有多种规格，主要用于筛面粉，过滤果蔬汁、果泥等。绝大部分精细面点在调制面团前都应将粉料过粉筛，以确保产品质量。

使用时，将粉料放入粉筛内，不宜一次放入过满，双手左右摇晃，使粉料从筛眼中通过。

二、常用面点工具的保养

1. 一般要求

（1）面点工具应分门别类存放，使用完毕应及时清洗擦拭干净，存放在卫生、通风的固定地点。

（2）使用金属工具、模具后，要及时清理干净，并擦干净，以免生锈。

（3）对制作直接入口面点的模具、工具要及时清洗，洗净后浸泡在消毒水中，尤其是奶油挤袋、挤嘴等工具。

（4）应了解不同工具的特性及用途，以确保安全、合理的使用。

（5）面点工具不得用于面点制作之外的其他用途，以防工具、用具的间接污染。

2. 成型工具的保养

（1）所有成型工具应存于固定处，并用专用工具箱（盒）保存。

（2）所有工具用后应用干布擦拭干净，防止生锈。

3. 面杖的保养

（1）将面杖擦净，不应有面坯粘连在面杖表面。

（2）将面杖放在固定处，并保持环境的干燥，避免面杖变形、表面发霉。

4. 案上清洁工具的保养

面刮板用后要刷洗干净，放在干燥处，防止生锈。粉帚、小簸箕用后要将面粉抖净，存放在固定处。

5. 衡器的保养

（1）衡器用后必须将秤盘、秤体仔细擦拭干净，放在固定、平稳处。

（2）经常校对衡器，保证其精确性。

6. 粉筛的保养

使用后，将粉筛清洗干净，晒后存放在固定处，尽量不要与较锋利的工具放在一起。

7. 其他工具的保养

（1）编号登记，专人保管。面点工具种类繁多，为便于使用，应将工具放在固定的位置上，且进行编号登记，必要时要有专人负责保管。

（2）保持清洁，放置有序。烤盘、各种模具刷洗干净，分类存放。铁、铜质工具

用后刷洗擦拭干净，放在通风干燥的地方，以免生锈。各种工具存放要做到既方便取用，又避免损坏。

（3）定期消毒。案台、面杖及各种容器每隔一定时间要彻底消毒一次。

（4）严格遵守设备专用制度。

第二节　原料、辅料初加工

西式面点制作中主要原料、辅料的基础知识及加工方法属于初级西式面点师技能，在本节，将按照对中级西式面点师的要求，更进一步介绍原料、辅料的选择方法、加工方法及配备方法和要求。

生产制作西式面点的主要原料是面粉、油脂、糖、鸡蛋，除此之外，还有许多辅料，如食品添加剂、巧克力等。

一、原料、辅料的选择方法与要求

1. 面粉（flour）

面粉由麦类磨制而成，是生产点心、面包、饼干等的主要原料。面粉因小麦的种类、品质、加工方法及等级不同，其化学成分的含量也各不相同。常见的面粉有蛋糕粉（低筋面粉）、面包粉（高筋面粉）、全麦粉、黑麦粉、玉米面粉等。在西式面点的日常制作中，以蛋糕粉、面包粉、全麦粉、黑麦粉使用最多，用量也最大。

面粉的质量是由它的化学成分所决定的，面粉的化学成分主要有碳水化合物、蛋白质、脂肪、水分、灰分、酶和少量的维生素。不同种类的面粉所含的化学成分也是不一样的。选择和使用面粉时，应注意面粉的品质，不可将不同性质的面粉弄混，否则会直接影响成品的质量。

面粉中面筋含量、含水量的多少对面点工艺质量的影响较大。

面粉的面筋质是决定面粉品质的主要指标。一般情况下鉴定面粉面筋质的方法有两种：一是凭经验判断其筋力大小，面粉颜色越白，含水量越低，则面粉筋力越大；二是通过测定面筋的湿面筋含量来鉴别其品质。

湿面筋含量的测定方法是：

（1）称取面粉样品 10~20 g 置于容器中，加水 5~10 mL，水温为 15~20 ℃。

（2）将样品捏成面团，待均匀后，静置 20 min。

（3）加水洗掉面团中的淀粉，水温不低于 15 ℃，直到水中不含白色淀粉为止。

（4）将面筋内残留水分用手挤出，水分用碘液测定，当水不呈蓝色时，则说明面筋中已不含淀粉，这时称量湿面筋重量（第一次称量）。

（5）将已称量的湿面筋放入水内浸洗 3 min，挤干面筋再称量（第二次称量），两次称量相差值不得超过 0.1 g，具体计算公式如下：

$$湿面筋含量 = \frac{面筋重量}{样品重量} \times 100\%$$

面粉的含水量与面粉储存和调制面团时的加水量有密切关系。我国规定面粉含水率在 14% 以下。面粉含水量可用仪器测定，也可用感官鉴定，在实际工作中多采用后者。测定的方法是：称量定量面粉，将调制成符合工艺要求面团的加水量与称定面粉的重量相比，比值就是面粉的吸水率。计算公式如下：

$$吸水率 = \frac{加水量}{面粉重量} \times 100\%$$

2. 油脂（oil and fat）

油脂是油与脂的总称。在常温下呈液态的称为油，呈固态或半固态的称为脂。一般情况下，动物性油脂呈固态，植物性油脂呈液态。

在实际工作中，主要依据制品的需要，对油脂从气味、滋味、颜色及透明度等方面加以鉴别。

（1）气味和滋味。品质正常的油脂，应具有油脂自然的气味和滋味，而无酸、苦、涩及哈喇味等。

（2）颜色。品质优良的油脂应具有正常的色泽，液体油脂为无色或白色。实际上各种油脂都有深浅不同的颜色。一般情况下，同一品种的油脂，色泽越深，其质量也就越差。

（3）透明度和沉淀物。品质正常的油脂应当完全透明，若油脂含有一定量的杂质，则油脂透明度下降。植物油的透明度应在 20 ℃ 条件下，放置 20 h 后观察。动物油脂的透明度应在 70 ℃ 条件下进行观察。优良的油脂应无沉淀物。

优质黄油有其特有的香味，无异味，其颜色为均匀一致的微有光泽的淡黄色。内部无食盐结晶，断面无空隙，无水分，稠度及延长性适宜。

优质奶油色乳白，呈半流质状态，其气味芳香纯正，口味稍甜，组织细腻，无杂物，无结块。

3. 糖

糖是西式面点制作的重要原料，广泛应用于西式面包、甜点馅心及各类甜品之中。在实际工作中，要针对制品的具体需要选择糖类原料。如制作蛋糕使用的白糖，应以颗粒细密为佳。颗粒大的白糖，往往由于糖的使用量较高或搅拌时间短而不能完全溶解，使搅拌后的蛋糊内仍有白糖的颗粒，从而导致蛋糕的品质下降。因此，如果条件允许，最好使用白糖粉或绵白糖。要注意的是糖粉较易受潮结块，为确保糖粉内没有硬块存在，必须在使用前先将糖粉过筛。

4. 鸡蛋（egg）

鸡蛋是西式面包、蛋糕制作的重要原料之一，鸡蛋含有丰富的营养素，除蛋白质外，还有脂肪、糖类、水分、无机盐及维生素等成分。

鸡蛋在使用时，首先要选择新鲜的，选择的方法多用感官判断法。如蛋壳的壳纹清晰，表面洁净有光泽，鸡蛋打破倒出后蛋黄、蛋白、系带能完整地各居其位，且蛋的内溶物浓厚，无色、透明，表明鸡蛋是新鲜的。

5. 食品添加剂（food additive）

食品添加剂的种类很多，在实际工作中以膨松剂、着色剂、赋香剂用途最广。使用时要依据制品要求和食品添加剂特性适量使用。

6. 巧克力（chocolate）

巧克力是西式面点制作中常用的原料之一，一般常见的有黑巧克力、白巧克力和牛奶巧克力。巧克力作为一种原料有其特殊的一面，就是巧克力中含有可可脂。可可脂的含量决定着巧克力的营养价值和使用方法。

可可脂的熔点为 27 ℃，在使用时要根据它的含量确定巧克力的温度。当巧克力在 27 ℃以上的温度时，可可脂开始熔化，巧克力由硬变软，经过慢慢地搅动，热量均匀地散开，最后形成易流动状态，此时即可使用。可可脂在不同的巧克力中含量不一样，熔化时的温度也不同，操作时，要根据情况加以掌握。

巧克力的凝固点也各不相同：一般白巧克力为 28~31 ℃，黑巧克力为 32~32.5 ℃，牛奶巧克力为 30~31 ℃。接近凝固点的巧克力使用起来方便顺手，可以挤字、吊花，挤出的装饰物光亮有立体感。如果使用熔化的巧克力是为了制作蛋糕坯或制馅，则对温度要求不太严格，可根据制品要求看情况而定。

巧克力的选择标准：一是选用可可脂含量高的产品。因为在一定范围内，可可脂含量越高，使用越方便、灵活，而且制品定型快，光亮度也高。二是选择细腻清洁的巧克力。巧克力在使用过程中，产品自身的细腻度和光洁度与制品有着紧密的关系，质量越高的巧克力原料，生产出的成品质量也就越好。

二、原料、辅料的加工方法

在西式面点制作之前，要对原料及辅料进行初步加工，一方面是为正式操作做好充分准备，另一方面，在对原料、辅料的初步加工过程中，也能发现存在的问题和不足，以利于及时修正。原料、辅料的初加工，是西式面点生产、制作的一个重要步骤，初加工的好坏直接影响成品的质量和要求。

原料、辅料的加工方法，是根据所用原料、辅料的性质和要求来确定的，也是根据所生产制作的成品的质量要求来确定的。不同的原料有着不同的初加工方法，有的简，有的繁，在实际操作中要根据实际情况采取不同的加工方法。

1. 面粉的初加工

面粉是西式面点生产制作中用量较多的原料，无论是面包、蛋糕、饼干的生产制作，还是各种不同面坯的调制，都离不开面粉。面粉的初加工方法一般有面粉的过罗、与其他原料混拌等。

2. 油脂的初加工

油脂是西式面点制作的重要原料，尤其黄油和奶油，在西式面点甜点的制作中占有重要地位。

根据所用原料目的及用途的不同，油脂的加工方法大体上可分为奶油的解冻、奶油的打发、黄油的软化、黄油的熔化、植物油的加热等。

许多植物奶油都是在 0 ℃以下储藏的，因此在使用之前必须先经过 12 h 以上的解冻，解冻必须在温度为 0~7 ℃的冷藏冰箱内进行。解冻时的温度过高，奶油质量易受影响，打发时起发量及细腻度将达不到正常标准。

对于动物奶油，由于产品不能在 0 ℃以下冰箱内储存，因此初加工时较方便，可以从冷藏冰箱内拿出后直接进行打发。

3. 糖的初加工

糖是生产西式面点甜点的重要原料。在西式面点制作时，所用糖的品种较多，因此，糖的初步加工方法也各不相同。

一般情况下，糖的初加工有糖水的熬制、糖的熬制、糖粉膏的调制、糖粉面坯的调制、葡萄糖及蜂蜜的加热等。要根据实际情况，灵活运用适当的方法。

4. 鸡蛋的初加工

鸡蛋是生产面包、点心的重要原料。鸡蛋的初步加工主要是指蛋白、蛋黄的加工。根据所制产品的不同性能和质量要求，鸡蛋的初步加工方法也各不相同，比如调

制黄油酱时的蛋白加工方法和调制蛋白点心时的蛋白加工方法是完全不同的。因此，在实际工作中，要根据产品的特点合理地选择加工方法，蛋清、蛋黄应分开的要分开打发，不应分开的要混合打发，以免影响成品的质量。

5. 食品添加剂的初加工

食品添加剂在西式面点的制作中起着举足轻重的作用。由于食品添加剂的种类很多，性能各异，所起的作用也不相同，因此在初加工时，要掌握不同的食品添加剂的功能、作用，以及加工方法。

除了直接使用的食品添加剂外，有些食品添加剂需要初加工，如鲜酵母在使用前应用温水化开，有些香料在使用前还应进行磨碎。在使用食品添加剂时，尤其是使用人工合成的食品添加剂时，必须依照产品使用说明或国家有关规定，不可过量使用。

6. 巧克力的初加工

巧克力既是西式面点制作中的重要原料，又是西式面点制作中的产品。巧克力的初加工方法，依照所用目的、性质的不同，大体可分为巧克力碎片加工、巧克力加热熔化、巧克力面坯调制、巧克力馅心调制等。

巧克力的熔化温度一般为 45~50 ℃，超过 50 ℃会破坏巧克力的内部结构，造成渗油或翻砂、煳底。巧克力的使用和生产操作，应尽量在恒温下进行，以免忽冷忽热影响品质。另外，外界湿度对巧克力也会造成影响，湿度过高，巧克力吸收空气中的水分，造成花斑、无光泽现象，正常的湿度应为 55%~65%。

储存巧克力成品的温度以 15~18 ℃为宜。

三、配备原料、辅料的一般方法与要求

合理配备原料、辅料，选择科学的加工方法，不仅可使食品在色、香、味、形等方面达到要求，而且能更有效地发挥食品的营养价值，保证食品质量。

1. 原料、辅料的合理选择与利用

西式面点原料的合理选择包括原料的多样化和类别的全面化两个方面，根据每类原料的营养特点进行科学利用。

原料、辅料的合理利用，既包括西点加工制作中主料、配料和调料的合理利用，还包括原料所含营养素相互间的营养搭配。

2. 原料、辅料的合理配备

原料、辅料的合理配备，不仅能制作出高质量的成品，也能最大限度地满足制品的质量要求和感官要求。原料、辅料的合理配备，也要保证所制产品营养素的全面，

以及制品色彩及口味的合理配备。原料、辅料的合理配备，还应考虑酸碱性原料的合理搭配，以保证酸碱平衡和营养素的充分利用。配备原料、辅料的一般要求如下：

（1）掌握各种原料、辅料的品质、用途及营养特点。

（2）原料、辅料的配备要提供足够的营养素，确保食品的营养价值。

（3）合理配备原料、辅料，保证各种营养素之间的质量和数量的平衡。

（4）掌握不同的原料、辅料加工方法对营养素的影响。

（5）原料、辅料的配备要合理，不应影响制品的质量、口味及形状。

第九章

甜汁、馅料的制作工艺

在西式面点制作中，甜汁、馅料作为精美甜点的配汁及甜点的内部甜馅，已成为高档西式甜点不可缺少的一部分，而且越来越广泛地被人们所重视。因此，掌握甜汁、馅料的基本知识，了解它们的种类及制作工艺，对提高西式面点制作技能水平大有益处。

第一节　甜汁的制作工艺

甜汁又称少司，是西式面点中常用的各种风味配汁的总称。甜汁对西点风味、营养、装饰和色彩有着非同一般的作用，而且对甜点的整体造型有着重要作用。

甜汁的种类很多，按所用不同原料的性质可分为香料类、酒香类、干鲜果类、巧克力类及其他类。常见的甜汁有香草汁、红酒汁、杞果汁、沙巴洋汁、巧克力汁、焦糖汁等。

一、水果甜汁（fruit sauce）

水果甜汁是通过加热使水果、糖、水、淀粉等原料成分相互作用而产生的具有黏稠性的混合物。水果含果糖、果胶、果胶酸及酶，这些成分在与糖、水的结合中，会发生不同的变化。由于水果中酸类物质的存在，可使果胶与水结合转化为水溶性果胶，这种果胶在溶液中起着稳定和黏稠的作用。同时水果中的酸类物质可以中和糖，使糖增加还原黏稠性。水果中的酶在加热过程中能促进糖的分解，使糖转化成为葡萄糖，易被人体吸收利用。

制作水果甜汁，可以选用各种新鲜的水果、果酱、果汁等原料。

1. 香草汁（vanilla sauce）

（1）用料。牛奶 500 g，奶油 1 000 g，糖 300 g，蛋黄 7 个，香草棍 4 支。

（2）制作工艺

1）先将蛋黄和 100 g 糖搅拌打起，备用。

2）将牛奶、奶油、糖、香草棍（香草棍要从中间劈开，取出籽）放入一厚底锅内，上火煮开，开锅后 3~5 min 离火，使其冷却至 70 ℃左右。

3）将牛奶、奶油混合液倒入蛋黄内，一边倒一边搅拌。

4）在小火上煮一锅热水，将冲入牛奶等液体的蛋黄液放到锅上，继续顺着一个方向慢慢搅拌，直至汁变浓为止。

5）取出香草汁内的香草棍，将香草汁过罗后，冷却。

2. 红酒汁（red wine sauce）

（1）用料。葡萄糖浆 500 g，红葡萄酒 200 g，柠檬 1 个，糖 100 g，玉米粉 20 g。

（2）制作工艺

1）将葡萄糖浆、红葡萄酒、糖、柠檬汁放入一厚底锅内，用小火煮开。

2）将玉米粉用少许清水化开。

3）将玉米粉加到煮开的葡萄糖浆内，慢慢搅拌，煮至红酒汁完全透明。离火冷却后备用。

3. 杧果汁（mango sauce）

（1）用料。杧果肉丁 200 g，鲜杧果汁 400 g，糖 200 g，柠檬 1 个，玉米粉 10 g，樱桃酒 10 g。

（2）制作工艺

1）杧果去皮，取果肉部分切成小丁。

2）将鲜杧果汁、糖、柠檬汁放入厚底锅内，上火煮开。

3）加入化开的玉米粉，煮熟后，再加入杧果丁，开锅后取下。

4）杧果汁冷却后，加入樱桃酒，拌匀后即可。

4. 沙巴洋汁（sabayon sauce）

（1）用料。蛋黄 6 个，糖 200 g，白葡萄酒 150 g，鲜奶油 100 g。

（2）制作工艺

1）将蛋黄、糖、白葡萄酒放入一圆底锅内，放入 90 ℃以下热水中，慢慢搅打至蛋黄变稠、糖完全溶化。

2）将圆底锅从热水中拿出，放入冷水中，使液体冷却，然后加入鲜奶油，继续拌匀即可。

3）使用时可加入其他配料、酒类、香草类等。

二、巧克力汁（chocolate sauce）

巧克力汁又名巧克力少司，是一种熔化的巧克力加稀释剂，在常温下不凝固的液体。常见的稀释剂是加热的牛奶、淡奶油或糖水等，有时还可加入少量的可可粉，它有冷食和热食两种。

巧克力是由可可豆调制成的，常用的巧克力中含有 28%~50% 的可可脂。使用时要根据可可脂的含量去调制，才能配兑出合适的巧克力汁。

1. 巧克力汁的制作方法

（1）用料。黑巧克力 300 g，淡奶油 500 g，糖 200 g，可可粉 100 g，朗姆酒 50 g。

（2）制作工艺

1）先用少量冷水将可可粉化开。

2）将淡奶油、糖上火煮开，加入切碎的黑巧克力，搅匀后加入可可粉，继续搅拌均匀，过一遍细罗。

3）巧克力汁冷却后，加入朗姆酒搅拌均匀即可使用。

2. 巧克力汁的质量标准

成品浓稠适中，组织细腻滑润，巧克力味道浓厚。成品甜度适中，色泽纯正、光滑，无任何杂质及可可干粉。

三、焦糖汁（caramel sauce）

焦糖汁的调制是由糖的性质决定的，糖对热有敏感性，当糖加热到 160 ℃以上时，分子与分子之间互相结合，形成多分子聚合物，并转化成黄色的色素物质——焦糖。把焦糖控制在一定温度内，可产生令人愉悦的色泽与风味。

1. 焦糖汁的制作

（1）用料。白糖 500 g，水 500 g。

（2）制作工艺

1）将糖放入厚底锅中，加入水上火熬制。

2）在糖液温度较低时，应及时搅拌使糖溶解。

3）熬制过程中应随时去除糖液表面的泡沫和杂质。

4）糖液熬到呈金黄色时，撤离火位，糖液冷却后即为焦糖。

2. 注意事项

（1）熬糖时不宜使用铝锅和薄底锅，这两种锅受热快，不易掌握糖液的温度。

（2）熬糖要选用杂质少的砂糖，熬制过程中，应及时除去糖液表面的泡沫和杂质，以保证焦糖质量。

（3）糖液沸腾后不要搅动，以免糖液翻砂。

（4）熬糖的火力要适度。火力过大，锅边的糖易焦化；火力过小，糖液不能沸腾。加热时间过长，锅边的糖液易结晶翻砂。

（5）熬糖时，锅边表面出现的结晶一定要撤去。

（6）糖液撤离火位时，如果已经达到所需颜色，就应马上将糖锅放入冷水中冷却，这样糖液颜色不会加深。

3. 焦糖汁的质量标准

成品浓稠适中，色泽均匀，口味香甜，无异味、焦煳味及杂质。

四、调制甜汁的注意事项

西式面点所用的甜汁种类繁多，制作工艺各不相同，因此，在调制甜汁时应了解所制甜汁的性质和加工方法，还要考虑甜汁和甜点之间的关系，即采用何种调制工艺才能使二者形成最佳的搭配关系。为此，在调制甜汁时应注意以下五点：

第一，无论调制何种甜汁，采用何种调制工艺，都要保证甜汁成品干净卫生，不生不煳，无杂质。

第二，调制甜汁时，应注意成品的稀稠度，过稀或过稠都不是制品的正常标准。尤其是熬制或煮制的甜汁，往往冷却后会变得更加浓稠。

第三，在使用香料类甜汁时，应把调味香料拿出来，如香草、桂皮等。

第四，某些甜汁调制好后不能久放，如沙巴洋汁、蛋黄汁等。要掌握好成品汁的调制时间及使用时间。

第五，调制甜汁时，要按原料配方操作。

五、常见甜汁的质量标准

不同种类的甜汁有不同的质量标准和要求，常见的甜汁质量标准有：

1. 香草汁的质量标准

成品稀稠适度，组织细腻，无结块，有浓郁的香草味。成品香甜适合，不生不煳，颜色乳黄，有黑籽粒。

2. 红酒汁的质量标准

成品浓稠适中，光滑透明，有浓厚的红酒香，内部无结块，无杂质。成品酸甜适中，颜色微红，不生不煳。

3. 杧果汁的质量标准

成品浓稠适中，内部果肉均匀，杧果味浓郁，无其他杂质。成品酸甜适中，颜色微黄，不生不煳。

4. 沙巴洋汁的质量标准

成品浓稠适中，色泽淡黄，内部组织细腻，有浓郁的蛋黄香及酒香。成品甜度适中，内部无结块，不生不煳。

第二节 馅料的制作工艺

在西式面点的制作中，馅料是常用的辅料之一。常见的有以下几种：

一、果酱（fruit jam）

1. 特性

果酱是由等量的糖和去皮水果一起加热熬制而成的，它是由糖的溶解性和水果中果胶质的性质所决定的。果酱在加工过程中，由于糖的溶解、水分的蒸发和果胶质的作用，形成具有一定凝固性的制品。

2. 调制方法

（1）将新鲜的熟水果洗净去皮，放入锅中。

（2）加糖后用微火加热，使糖完全溶解。加热时要不断搅动，防止糖在锅底烧焦。

（3）糖溶解后改用中火煮沸，熬制到果酱的凝固点。果酱的凝固点因水果种类不同而不同，一般熬 20 min 左右即可达到。测试方法：用汤匙取适量果酱，滴回锅中，如果达到凝固点，最后滴回的几滴冷果酱应呈薄片状；或者在干净的平盘上滴数滴果酱，放在冷的地方，如已达到凝固点，用手指触摸表面会形成皱纹。

3. 注意事项

（1）水果要新鲜，洗净去皮后才可使用。

（2）对于较大的水果，应切块后再进行加工。

（3）不要用铁锅熬制果酱，因为水果中的花色素苷会与铁起反应而生成亚铁盐类，使果酱带有深褐色的斑点。

（4）注意煮制果酱的火候和时间，要使果酱中的水分彻底蒸发，以确保果酱的黏稠度。

二、苹果馅（apple filling）

苹果馅是西式面点制作中极为常用的馅心之一，更是制作苹果派、苹果塔以及苹果卷必不可少的主要辅料。

苹果馅有生馅和熟馅两种，在实际工作中，应根据制作品种、口味的不同加以灵活使用。

1. 生苹果馅

生苹果馅就是将苹果切片，加入适当调料后直接装入甜品模具中，中间不经过任何熟制工序。此方法的好处在于最大限度地保存苹果中的各种营养物质和维生素，成熟后的制品口感清香，仍有鲜果的味道。

（1）基本用料。鲜苹果 1 000 g，糖 200 g，肉桂粉 15 g，葡萄干 200 g，柠檬 1 个，柠檬皮 1 个，白兰地酒 20 mL，杏仁碎 100 g。

（2）工艺方法

1）苹果去皮后切成均匀的片，然后加入糖、肉桂粉、葡萄干、柠檬汁、柠檬皮、杏仁碎、白兰地酒拌均匀。

2）在使用苹果馅之前，如果有过多的水分析出可以倒掉，或用杏仁碎吸收。

（3）注意事项

1）应选择果质较硬的苹果，可以保证在制作过程中苹果片的完整性。

2）苹果切片时，片不宜过大、过厚。

3）在拌馅过程中，不可用力过大、过猛，否则苹果片极易破碎。

2. 熟苹果馅

熟苹果馅就是在苹果切片或切块后，再加其他配料上火炒熟。熟制后的苹果馅再放入所制甜品的模具中加工成型，熟制。这种工艺方法的好处在于，它不仅可使苹果更加入味，口感更加香滑柔软，而且可以缩短烘烤时间。

（1）基本用料。鲜苹果 1 000 g，糖 2 000 g，黄油 100 g，柠檬 1 个，柠檬皮 1 个，肉桂粉 5 g，朗姆酒 20 g，葡萄干 100 g。

（2）工艺方法

1）苹果去皮后切十字刀，一分为四，然后切成大小均匀的小块。

2）将平底炒锅上火，放糖，将其炒至金黄色，加入黄油，待黄油全部熔化后放苹果块，最后加入肉桂粉、柠檬皮、柠檬汁、葡萄干、朗姆酒继续加热。

3）待苹果块炒至八成熟，外观为金黄色时即为成品。

（3）注意事项

1）熟苹果馅的用途极广，因此在制作中要根据所制作的甜点品种要求掌握各种配料的使用量。

2）最好选用果质较硬的苹果，因为果质软的苹果在炒制时极易破碎，将影响成品的质量。

3. 脱水苹果干馅

脱水苹果干馅是将鲜苹果切片后，经高温、高压脱水处理后，再加入其他配料消毒处理后制成的。使用此产品的好处是快捷方便，而且在正确掌握加工方法的基础上，同样可以保证成品的风味和质量。

（1）基本用料。苹果干 500 g，糖 200 g，肉桂粉 10 g，葡萄干 200 g，柠檬 1 个，柠檬皮 1 个，朗姆酒 30 g，水 2 000 g。

（2）工艺方法

1）将苹果干放入容器内，加入水，使苹果干重新吸收水分复原，然后上火熬制。

2）每隔 3~5 min 翻动一下容器内的苹果干，使其均匀地吸收水分。

3）待苹果干熬制成馅状时，把其他原料加入苹果馅中，充分拌匀即可。

（3）注意事项

1）因脱水苹果干品种不一，其吸收水量也不一样，使用者要遵照产品使用说明使用原料。

2）为加快苹果干吸收水分的速度，可以使用温水浸泡。

3）调制好的苹果馅要尽快使用完毕，不可在室温或冷藏箱内存放过久，以减少营养物质的损失。

三、干果馅料（dry fruit filling）

干果馅料在西式面点制作中极为常用，尤其在西方重要的节日——圣诞节，几乎大部分的圣诞甜品都要用到各种各样的干果馅料，如圣诞布丁、圣诞干果甜面、杂果派等，另外，英式水果蛋糕、爱尔兰黑啤蛋糕等也都是以干果馅料为主料的。

干果馅料的制作工艺方法有多种，常见的方法有腌渍法、加热法。

1. 干果馅料的工艺方法

（1）腌渍法。腌渍是西式面点制作干果馅料最常用的工艺方法，是用糖或蜂蜜、酒及各种调味品等，将所用的干果馅料混合拌匀，然后放到密封容器内腌渍的方法。通过腌制的干果馅料在酒和糖汁的作用下，能产生一系列的化学变化，使原料变得香浓、纯厚。

在腌渍干果馅料时，根据不同的用途所用的腌渍原料不同，采取的腌渍方法也不相同，如有的以糖腌渍为主，以酒类调味为辅，而有的以酒类腌渍为主，以糖或蜂蜜调味为辅。

（2）加热法。制作干果馅的另一种方法是加热法，是将所用的干果和其他辅料加热，使干果内部组织变软、入味，以利于下一步加工成熟的方法。加热可采用煮、炒、蒸等方法。常见的用加热法制作的干果馅甜品有蜂蜜坚果派、爱尔兰黑啤蛋糕等。

2. 制作示例

（1）圣诞布丁（Christmas pudding）

1）基本用料。鲜牛油 350 g，鲜苹果 240 g，葡萄干 350 g，无核提子干 350 g，红糖 350 g，姜粉 3 g，肉桂粉 5 g，丁香粉 3 g，盐 5 g，柠檬皮 2 个，红加仑 200 g，朗姆酒 80 g，白兰地酒 80 g，黑啤酒 160 g，白面包 240 g，鸡蛋 8 个，面粉 200 g。

2）工艺方法

①鲜苹果去皮切片，牛油打碎，白面包去皮后打成面包糠。

②将除面粉、鸡蛋外的所有原料放入搅拌机内，慢速搅拌均匀。

③拌匀后，将原料盛入容器内，加盖放入冷藏冰箱内存放。

④馅料使用前，再加入 8 个鸡蛋、200 g 面粉，拌匀后即可使用。

3）注意事项

①制作干果馅前应仔细检查原料的质量和卫生情况，不可有杂质或异物。

②腌渍过程中，不能用不干净的用具搅拌干果馅，以防馅料污染和变质。

（2）黑啤干果馅（dark beer and dry fruit filling）

1）基本用料。黄油 2 700 g，红糖 2 700 g，黑啤酒 3 000 g，葡萄干 5 000 g，红加仑 2 500 g，什锦果皮 1 350 g。

2）工艺方法

①将黄油、红糖和黑啤酒放入加热锅内，上火加热至红糖全部熔化。

②加入葡萄干、什锦果皮，继续加热至开锅。注意在加热过程中要不停地搅拌，以防煳锅底。

③开锅约 5 min，加入红加仑，继续煮至开锅，离火，放凉后即可使用。

3）注意事项

①加热红糖时，应保证加热时间，红糖要全部熔化。

②如果使用冷冻的红加仑，须提前解冻，或适当延长加热时间。

③加热干果馅时，宜用中火，但要不断搅动，以防止煳锅底。

④对于加工完成后的干果馅，必须在完全冷却后才能进行下一步的制作，尤其是对馅料中加入蛋黄或全蛋的品种，否则，干果馅的内部高温会使全蛋和蛋黄变性，影响成品的质量。

（3）椰丝馅（coconut filling）

1）基本用料。糖 600 g，水 500 g，奶酪粉 100 g，椰丝 500 g，黄油 200 g，发粉 40 g，面粉 100 g，三花淡奶 1 听，鸡蛋 6 个。

2）工艺过程

①将糖和水煮开，放入调制好的奶酪汁，搅拌均匀。

②加入椰丝和熔化的黄油搅匀，加入发粉和面粉。

③鸡蛋用蛋抽搅匀后，加入三花淡奶，再与上述原料混合搅拌均匀即可待用。

3）质量标准。松软香甜，具有浓厚的椰香味。

4）注意事项

①面粉要过罗，搅拌要均匀。

②发粉不宜过早加入，以免影响膨松效果。

（4）果仁馅（nuts filling）

1）基本用料。糖 900 g，核桃 500 g，杏仁 300 g，各种果仁 300 g，淡奶油 500 g。

2）工艺过程

①将糖放入锅中煮成金黄色，加入淡奶油，搅匀继续煮开。

②加入所有的果仁，搅拌均匀即成。

3）质量标准。甜香可口，色泽金黄。

4）注意事项

①煮糖的颜色不要过深，以免口味发苦。

②奶油和煮的糖汁要充分溶解，不要有糖块。

第十章

成品制作工艺

第一节　硬　质　面　包

一、硬质面包面坯的调制

1. 特性

硬质面包（hard bread）是一种内部组织水分少，结构紧密、结实的面包。它质地较硬，经久耐嚼，越吃越香，纯香浓郁，深受消费者的喜爱。

硬质面包的结构与一般面包无异，面坯调制的方法也与一般面包的面坯基本相同，需要经过原料混合、搅拌、成团、发酵等工艺制作过程。硬质面包的保存期限较一般面包长。

2. 一般用料

硬质面包的用料，根据配方的不同略有差异，但一般用料有面粉、糖、油脂、鸡蛋、酵母、奶粉、盐等。这种面包要求选用面筋含量在高筋与中筋之间的较高筋力的面粉，并且在调和时，配方中水分要较其他面包的面坯少，目的是控制面团的面筋扩展程度及面坯体积，使烘烤成熟的面包更具有整体的结实感。

3. 工艺方法

硬质面包的加工工艺方法尽管与其他面包基本相同，但根据制品特点，在制作程序上与一般面包略有变化。

调制硬质面包面坯的方法是以筋度较高的面粉为主料，如一般面包一样，将调制好的面团经过基本酸酵后再整型，然后经过很短时间的最后酸酵，进行烘烤。这种方法调制的硬质面包，其结实程度与面坯最后酸酵的时间有密切关系。原则上讲，面坯最后酸酵的时间越短，烤好的面包质感越结实。

尽管硬质面包具有较硬的质地，但质优的制品仍具有硬中带有一定弹性的特点。因此，硬质面包虽然不需要有良好的网状结构，但必须要有良好的组织构造。

【例 10-1】 玉米面包的面坯调制

（1）基本用料。面包粉 1 800 g，酵母 30 g，盐 40 g，S-500 助发剂 20 g，糖 30 g，黄油 200 g，鸡蛋 150 g，奶粉 50 g，玉米面 200 g，甜玉米粒 780 g（罐装带汁放入），水 500 g。

（2）调制工艺

1）将面粉、酵母、S-500 助发剂、糖、黄油、鸡蛋、奶粉、玉米面放入和面缸内，快速搅拌 2 min。

2）加入水，中速搅拌成面团后，继续搅拌 10 min。

3）加入盐和甜玉米粒，搅拌 5 min。

4）停止搅拌，将面坯放在工作台上，盖好保湿布，发酵 10 min 即可。

二、硬制面包的成型

调制好的面包面团经过发酵后，即可做成各种形状。面团的成型过程包括分割、滚圆、中间发酵、造型等步骤。

1. 分割

分割一般有手工分割和机器分割两种。无论是手工分割还是机器分割，动作都必须快速，面团的全部分切时间应控制在 20 min 以内，尤其是在夏季，工作时间不能过长，以免面团发酵过度而影响面包的品质。

2. 滚圆

滚圆就是把分割成一定重量的面团通过手工或滚圆机搓成圆形。目的是使分割后的面团重新形成一层薄的表皮，以包住面团内继续产出的二氧化碳气体，有利于下一道工序的进行。

3. 中间发酵

中间发酵是指从滚圆到面包造型前的这一段时间，具体时间可根据制品特点、面团性质是否达到整型要求以及温度对面包生坯的影响来确定。其目的是使面团重新生成气体，恢复面坯的柔软性，以便于下一步操作的顺利进行。硬质面包的中间发酵时

间较一般面包的发酵时间短。

一般情况下，中间发酵的温度可维持在 30 ℃左右，相对湿度在 70%~75%。有些硬质面包只要在案台上将面坯加盖防风吹干的盖具，即可完成面坯的中间发酵工艺。

4. 造型

造型即按产品要求将面团做成一定的形状。面包经过中间发酵后，体积又慢慢恢复膨大，质地也逐渐柔软，这时即可进行面包的造型操作。面包造型的目的，一方面是使面包外形美观，另一方面是可借助不同的面包样式来划分面包的种类及口味。

面团造型的主要操作方法有滚、搓、包、擀、箍、切、割等。每一个动作都有它独特的功能，可视其造型的需要，相互配合使用。

制品造型时，要尽快完成造型工作，要求制品大小一致。不要使用过多的干面粉，以防影响成品质量。

三、硬质面包的成熟

硬质面包的成熟主要运用烘烤加热的方法，使制品在温度的作用下，发生一系列的变化，成为色、香、味、形俱佳的熟制品。

熟制工艺是硬质面包制作及特点形成的最后一道关键工序。它关系到制品成熟后的色泽、形态及质感。

影响硬质面包成熟的主要因素有温度、湿度和时间。

1. 温度

硬质面包的烘烤温度比软质面包的烘烤温度低，一般为 180~200 ℃，这是由硬质面包的性质决定的。如果温度过高，硬质面包表皮形成过早，影响面包烘烤的急胀作用，限制了面包的膨胀，就会造成面包内部尚未完全成熟，但表皮颜色已太深的不良后果。相反，如果温度过低，面粉中酶的作用时间延长，面筋凝固随之推迟，就会造成面包烘烤时间延长、水分蒸发过多、表皮干硬、制品颜色较浅的不良后果。

2. 湿度

硬质面包烘烤时，一般对湿度的要求较简单，正常烤箱内的湿度已能满足硬质面包的需要。但要注意，在烘烤过程中，不宜频繁开关烤箱门，以免造成烤箱内湿度过早过快降低，使成品较干硬，影响成品质量。

3. 时间

硬质面包的烘烤时间取决于面包体积、重量、成分等因素。一般情况下，重量在 1 000 g 左右的硬质面包，烘烤时间为 35~60 min。在所有的面包种类中，硬质面包是烘烤温度最低、时间最长的品种。

【例 10-2】 农夫面包（farmer bread）

（1）基本用料。酵母 400 g，黑麦粉 300 g，全麦粉 300 g，麦片 250 g，面包粉 3 000 g，奶粉 300 g，饴糖 30 g，葡萄干 550 g，核桃仁 550 g，糖 50 g，盐 30 g。

（2）工艺过程

1）将酵母、黑麦粉、全麦粉、麦片、面包粉、奶粉、饴糖、糖放入和面缸内，加适量水调制成面团，加入盐后，再搅拌 3~5 min，加入葡萄干、核桃仁拌匀即可。将面团发酵 15~20 min。

2）将面团分成每份 700 g，揉圆，继续醒发约 20 min。

3）将醒发好的面团制成所需的椭圆形，放入发酵箱内，发酵约 30 min。

4）面团发酵好后，用刀在面团上划上格状的裂口，然后入烤箱，烤箱温度为 190 ℃，烤约 45 min。

（3）质量标准。色金黄，质硬而甜香，不生煳。

（4）注意事项

1）和面时，要最后加入果料。

2）注意烘烤时的温度。

第二节　泡　芙

泡芙是英文 puff 的译音，中文习惯上称为气鼓等。泡芙是一种常见的甜点。

泡芙类制品主要有两类。一类是圆形的，英文叫 cream puff，中文称为奶油气鼓，此类制品还可根据需要组合成象形的制品，如鸭形、鹅形等。另一类是长形的，英文叫 eclair，中文称为气鼓条。两类泡芙所用的泡芙面糊是完全相同的，只是在成型时所用的挤嘴及手法有差异而产生了形状的变化。

一、泡芙面糊的调制

1. 特性

泡芙是常见的西式甜点之一，是用烫制面团制成的一类点心，它具有外表松脆、

色泽金黄、形状美观、食用方便、味道可口的特点。根据所用馅心的不同，它的口味和特点也各不相同，常见的品种有鲜奶油气鼓、香草水果气鼓、巧克力气鼓条、咖啡气鼓条、杏仁气鼓条等。

2. 一般用料

泡芙面糊的一般用料主要是油脂、面粉、鸡蛋、水等。

油脂是泡芙面糊中所必需的原料，它具有起酥性和柔软性。油脂的起酥性能使烘烤后的泡芙外表松脆。

泡芙中的面粉是干性原料，含有蛋白质、淀粉等多种物质。淀粉在水的温度作用下可以膨胀，当水温达到 90 ℃以上时，水分会渗入淀粉颗粒内部使之膨大，随着淀粉颗粒体积的不断增加，淀粉颗粒逐渐破裂。当破裂的淀粉颗粒相互粘连时，淀粉就产生了黏性，形成了泡芙的骨架。

水是烫制面粉的必备原料，泡芙烘烤过程中，在温度的作用下，水分的蒸发、体积的膨大都离不开水的作用。

鸡蛋中的蛋白是胶体蛋白，具有起泡性，与烫制的面坯一起搅打，使面坯具有延伸性，能增强面糊在气体膨胀时的承受力。蛋白质的热凝固性能使增大的体积固定。此外，鸡蛋中蛋黄的乳化性能使制品变得柔软、光滑。

3. 工艺方法

泡芙面糊的调制工艺直接影响制成品的质量。泡芙面糊的调制一般经两个过程完成。一是烫面，具体方法是：将水、油、盐等原料放入容器中，上火煮开，待黄油完全熔化后倒入过罗的面粉，用木勺快速搅拌，直至面团烫熟、烫透撤离火位。二是搅糊，具体方法是：待面糊晾凉，将鸡蛋分次加入烫面的面团内，直至加到所需的质量要求。

检验面糊稠度的方法：用木勺将糊挑起，当糊能均匀缓慢地向下流时，即达到质量要求。若糊流得过快，说明糊稀；若相反，说明鸡蛋量不够。

4. 注意事项

（1）调制面糊时，要注意使面粉完全烫熟、烫透，防止煳锅底。

（2）面粉必须过罗，使面粉中没有干的面疙瘩。

（3）烫制面粉时，要充分搅拌均匀，不能有干面粉疙瘩产生。

（4）要待面糊冷却后再放入鸡蛋，而且每次加入鸡蛋必须搅拌至鸡蛋全部融于面糊后，再加下一次的蛋液。

【例 10–3】 泡芙面糊调制

（1）基本用料。水或牛奶 500 g，黄油 250 g，盐 5 g，糖 5 g，面粉 550 g，鸡蛋 800 g。

（2）调制工艺

1）将清水（牛奶）、黄油、糖、盐一起放入锅内上火煮沸，至黄油全部熔化。

2）倒入过罗后的面粉，用木板或抽条不停地搅拌，随后改用微火一边加热，一边搅拌，直至形成均匀有黏性的面糊下火冷却，备用。

3）将冷却后的面糊倒入容器内，把鸡蛋分数次加入，中速搅拌直至鸡蛋全部加完，面糊呈均匀向下流的糊状为止。

二、泡芙面糊的成型

泡芙面糊调制后，即可进入成型阶段。泡芙面糊成型的好坏直接影响成品的形态、大小及质量。泡芙成型的方法一般是挤制成型，具体工艺过程是：

1. 准备好干净的烤盘，上面刷上一层薄薄的油脂。

2. 将调制好的泡芙面糊装入带有挤嘴的挤袋中，根据制品需要的形状和大小，将泡芙面糊挤在烤盘上，形成泡芙的形状和花样。一般形状有圆形、长条形、圆圈形、椭圆形等。

3. 成型后立即放入烤箱内烘烤，或者用油炸熟。

三、泡芙面糊的成熟

泡芙的成熟方法有两种，一种是烘烤成熟，另一种为油炸成熟。

1. 烘烤成熟

泡芙成型后，即可放入烤箱内烘烤，烘烤泡芙的温度为 200 ℃左右，时间为 15~25 min，烘烤至呈金黄色，内部成熟为止。

烘烤泡芙时，尤其是在进烤箱后前期，对温度的要求很高。因此，在烘烤的开始阶段，应避免打开烤箱门查看烘烤情况，以防温度过低，泡芙表皮过早干硬，影响泡芙的胀发。在烘烤泡芙的后期，泡芙已经胀发到最大限度，制品表皮开始"炭化"，此时已不需要温度，因此，在这一烘烤阶段，应采取打开烤箱门的办法，使内部温度降低，蒸汽散出，使泡芙表皮酥脆。

2. 油炸成熟

油炸成熟的一般方法是：将调好的泡芙糊用餐勺或挤袋加工成圆形或长条形，放入五六成热的油锅里，慢慢炸制，待制品炸成金黄色后捞出，沥干油分，趁热撒上或蘸上所需调味料、装饰料，如撒糖粉、肉桂粉，蘸巧克力等。

【例10-4】 气鼓的制作

（1）基本用料。黄油100 g，牛奶100 g，糖10 g，盐3 g，面粉100 g，鸡蛋3个，奶酪粉、糖粉适量。

（2）工艺过程

1）将黄油、牛奶、糖和盐煮开。

2）放入过罗的面粉，搅拌均匀。

3）将烫制的面粉倒入打蛋机中搅拌，将鸡蛋分次加入面糊中，待面糊搅拌至均匀稠糊状、面糊有光泽时即成气鼓面糊。

4）将气鼓面糊装入有挤嘴的挤袋里，在擦油的烤盘上挤成圆形，放入200~210 ℃烤箱中烤。

5）调制奶油黄酱（用奶酪粉与水按1∶2比例搅拌均匀，再加入适量打起的奶油）。

6）将圆气鼓从中间片开，挤入奶油黄酱，表面撒一层糖粉即可。

（3）质量标准。色泽金黄，口味香甜。

（4）注意事项

1）面粉要烫熟、烫透，不能有疙瘩。

2）气鼓大小要一致。

3）奶油黄酱要软硬适度。

4）挤制时，不要使生坯顶部形成一个尖峰，否则烘烤成熟后，不利于泡芙表面的装饰。

【例10-5】 巧克力长气鼓的制作

（1）基本用料。巧克力汁100 g，巧克力酱500 g，翻砂糖200 g，气鼓面糊500 g。

（2）工艺过程

1）将气鼓面糊装入有挤嘴的挤袋里，在擦油的烤盘上挤成长6~8 cm、粗2 cm的圆柱形。

2）将烤盘放入200 ℃烤箱中烘烤至气鼓呈金黄色，出烤箱冷却。

3）将冷却后的长气鼓分成上下两片待用。

4）将巧克力酱挤在下片。

5）加热翻砂糖，放入巧克力汁搅匀，挂在长气鼓的表面上。

（3）质量要求。外形美观，大小一致，表面有光泽，有浓厚的巧克力味。

（4）注意事项

1）制品大小要一致。

2）气鼓表面的巧克力汁要蘸匀。

3）熔化翻砂糖的温度要适宜，一般不超过 50 ℃，温度过高，成品会失去光泽。

第三节　油　脂　蛋　糕

一、油脂蛋糕面糊的调制

1. 特性

油脂蛋糕是配方中含有较多油脂的一类松软制品。油脂蛋糕具有良好的香味、柔软滑润的质感，入口香甜，回味无穷。

油脂蛋糕的种类很多，依据生产配方中添加的原料不同可分为黄油蛋糕、巧克力蛋糕、香料蛋糕、黄油水果蛋糕等，根据配方中油脂的比例不同，又可分为轻油脂蛋糕和重油脂蛋糕。轻油脂蛋糕和重油脂蛋糕同属面糊类蛋糕，这两种蛋糕的不同点见表 10-1。

表 10-1　轻油脂蛋糕与重油脂蛋糕的不同点

种类	油脂用量	发粉用量	蛋糕内部组织	蛋糕颗粒	烘烤温度（℃）
轻油脂蛋糕	30%~60%	4%~6%	松软	粗糙	190~230
重油脂蛋糕	40%~100%	0%~3%	紧密	细腻	150~190

2. 一般用料

根据配方的不同，油脂蛋糕用料有差异，有的使用膨松剂，有的则通过加大配方中油脂、蛋液的使用量使制品膨松。一般主要的原料有油脂、鸡蛋、糖、面粉等。这些用料依据各自的特点，在制品中发挥着作用。

3. 工艺方法

油脂蛋糕面糊的调制大都采用糖油拌和法和面粉、油脂拌和法。前者是先将糖和油放在容器中充分搅拌，使糖和油能融合大量的空气，待体积膨胀后，再将其他配料依次放入搅拌均匀。采用此种方法制作的蛋糕，体积大，组织松软。后者的具体方法是：先将面粉、油脂搅拌均匀，然后再依次放入其他原料。这种方法制作的蛋糕较糖油拌和法制作的蛋糕内部组织紧密。

除了糖油拌和法和面粉、油脂拌和法外，制作高成分或中成分比例的蛋糕时还可使用分步搅拌法，即把配方中全部的蛋和糖加热至 35~40 ℃，用钢丝搅拌器像搅打海绵蛋糕一样快速打发，然后将全部的油脂、盐和面粉搅打松散、均匀，并加入已打发的 1/3 蛋糖液，继续用中速搅打至均匀后再倒入 1/3 的蛋糖混合液，继续搅拌，最后把剩余的 1/3 蛋糖液加入拌匀，再继续搅拌 4~5 min 即可。用此种方法制作的蛋糕面糊，进烤箱烘烤时体积膨胀大，而且组织松软细腻，但搅拌较为费事。

在实际工作中，轻油脂蛋糕面糊和重油脂蛋糕面糊的调制工艺基本相同，可以针对两种蛋糕的性质和顾客的需求来控制蛋糕的组织和结构，生产出不同品质和特性的油脂蛋糕。

4. 注意事项

（1）根据油脂蛋糕的用料配方正确选择调制面糊的方法和操作规程。

（2）无论选择哪种搅拌方法，面坯都要求搅拌均匀。

（3）糖油拌和法加入鸡蛋时，要逐渐加入，不能一次加足，以防面糊搅澥。

（4）使用面粉、油脂拌和法时，一定要待面粉与油脂充分搅拌均匀后再加入其他原料。

二、油脂蛋糕的成型

1. 工艺方法

油脂蛋糕的成型主要依靠模具，具体有两种方法。一种是挤制灌模，具体方法是将面糊装入挤袋，然后把面糊挤入模具中。另一种是浇注灌模，这种方法主要用于需较大模具的制品，方法是根据制品要求，将面糊直接倒入模具中，然后用刮板抹平。油脂蛋糕的整体形状是由模具的形态决定的，模具的选用、模具的填充量与制品的质量关系密切。

（1）选择适合油脂蛋糕成型的模具。油脂蛋糕成型的模具常用不锈钢、马口铁、铝合金等材料制成，其形状有圆形、长方形、心形、花边形等多种，也有高边和低边之分。因此，在选用模具时要根据油脂蛋糕制品特点及需要灵活选择。如油脂蛋糕中油脂含量较高，制品不易成熟，就不宜选择过大、过高的模具。

（2）合理控制蛋糕面糊的填充量。油脂蛋糕面糊的填充量是由模具的大小决定的，一般以模具的七八成满为宜。因为油脂蛋糕面糊在成熟过程中仍继续膨发，如果蛋糕面糊填充量过多，加热后易使蛋糕面糊溢出模具，影响制品外形的美观，造成蛋糕面糊的浪费。相反，若模具中面糊填充量过少，则制品成熟过程中坯料内水分蒸发过多，也会影响蛋糕制品的松软度，容易造成蛋糕干燥、坚硬，失去油脂蛋糕的风味和特点。

2. 注意事项

（1）根据需要选择油脂蛋糕的模具。

（2）油脂蛋糕面糊的填充量要适宜，不能过多或过少。

（3）采用挤制灌模方法成型时，制品大小要一致。

（4）浇注灌模成型时一定要抹平，否则影响制品美观。

（5）为防止油脂蛋糕成熟后形状受损，应在烤盘内或模具四周涂一层油脂或垫上一张清洁的油纸。

三、油脂蛋糕的成熟

1. 工艺方法

油脂蛋糕主要是通过烘烤成熟的。油脂蛋糕的烘烤是一项技术性较强的工作，是决定油脂蛋糕成品质量的关键因素之一。

油脂蛋糕成熟的一般方法是根据制品特点，将烤箱预热至需要温度，然后将成型的半成品放入，使其成熟。

油脂蛋糕的成熟与烘烤温度、时间有着密切的关系。

（1）温度。油脂蛋糕的成熟与烘烤温度有着重要关系。烘烤温度要根据面糊中各种配料的不同而变化。在相同条件下，油脂蛋糕比清蛋糕所需的温度要低。一般情况下，油脂蛋糕烘烤时所需的温度为170~190 ℃。

（2）时间。影响油脂蛋糕成熟的另一个因素是烘烤时间。烘烤时间对油脂蛋糕品质影响较大，视蛋糕的大小，一般为45~90 min。如果油脂蛋糕烘烤时间不够，蛋糕内部组织就会发黏，不能完全成熟；若烘烤时间过长，则内部组织干燥，蛋糕四周表层硬脆，严重影响成品质量。

油脂蛋糕的重量、大小、形状等也影响油脂蛋糕在烘烤时的温度、时间。制品越重，面积越大，越厚，需要的温度越低，时间越长。

2. 注意事项

（1）根据制品要求，正确选择烘烤温度及时间。

（2）油脂蛋糕烘烤成熟后，应在尚有余温时将模具退下，这样可以较好地保护制品的完整性。

【例10-6】黄油蛋糕（butter cake）

（1）基本用料。黄油1 000 g，糖1 000 g，鸡蛋20个，面粉900 g，葡萄干200 g，

泡打粉 10 g，香草油 10 g，盐 10 g。

（2）工艺过程

1）将黄油、糖、香草油、盐倒入搅拌机中，搅至膨松。

2）将鸡蛋分次加入搅拌后的料中，继续搅拌至膨松、细腻为止。

3）加入过罗的面粉、泡打粉，调拌均匀后加入葡萄干，搅匀。

4）将调好的面糊注入蛋糕模中，注入量为模具容积的 1/2。

5）将注入面糊的模具放入 180 ℃烤箱中烘烤，取出冷却后即可食用。

（3）质量标准。色泽金黄，质地松软，香甜可口，有黄油香味。

（4）注意事项

1）黄油、糖搅拌膨松、均匀后方可放入鸡蛋。

2）鸡蛋不能一次全部加入。

3）面粉要过罗。

4）灵活选择烘烤温度。

【例 10-7】 英式重油水果蛋糕（English fruit cake）

（1）基本用料。黄油 1 000 g，杏仁膏 200 g，红糖 1 000 g，盐 10 g，鸡蛋 24 个，面粉 1 400 g，橘子果酱 40 g，发粉 10 g，肉桂粉 5 g，姜粉 4 g，干果馅 2 000 g。

（2）工艺过程

1）将面粉、发粉过罗，用 1/3 的面粉与干果馅拌匀，待用。

2）将杏仁膏切成小块，放入搅拌缸内，加入黄油、红糖，中速搅拌至红糖、杏仁膏全部混合均匀后，慢慢地分次加入鸡蛋。

3）将鸡蛋全部加入后，加入橘子果酱、盐，继续拌匀。

4）加入剩余的面粉，用慢速搅拌均匀后，加入步骤 1）制品，慢速拌匀。

5）将面糊倒入烤盘或模具中成型，并用上火 180 ℃、下火 190 ℃烘烤 40~60 min。

干果馅的制作方法：取核桃 1 000 g，腰果仁 300 g，糖渍红樱桃 100 g，杏仁片 100 g，果皮 500 g，葡萄干 500 g，开心果仁 100 g，金万利酒 100 g，樱桃酒 200 g，将以上全部原料拌匀后，放入密封容器内，放入冷藏冰箱腌渍 24 h 后即可。

（3）质量标准

1）成品色泽为深黄色，不生不煳，起发正常，表面平整。

2）成品内部水果分布均匀，组织细密，无孔洞。

3）成品软硬适中，有弹性。

4）成品香甜可口，果味香浓，营养丰富。

5）成品内不可有未熔化的红糖和呈颗粒状的杏仁膏。

（4）注意事项

1）不要用干硬的红糖，否则很难熔化。

2）加入面粉后不宜搅拌过久，否则面粉筋力增大，影响蛋糕胀发。

3）如果冬季调制好的面糊团湿度低而干硬时，可适当加入一些温牛奶或奶油来调节。

4）成品烘烤成熟后要立即拿出，过度烘烤会使成品大量失去水分，易变得干硬，影响质量。

5）一般选用 4~7 cm 深的模具，面糊倒入量为模具容积的 3/4。

第四节　饼　　干

饼干是西式面点中最常生产制作的品种之一。在西方饮食习惯中，饼干虽然不算一日三餐之中的必备甜点，但作为三餐之间的小点心，占有较大的比重，尤其是欧美国家，无论是下午茶时的茶点、日常的零食，还是配咖啡的小食品，饼干均占有重要的地位。

一、饼干的种类

饼干的种类很多，按照使用的原料及制作工艺，可分为混酥类饼干、清蛋糕类饼干、蛋清类饼干等。

二、饼干面坯的调制

根据饼干的种类和性质，各类饼干面坯的调制工艺各不相同，常见的工艺方法有以下几种：

1. 混酥类饼干面坯

混酥类饼干面坯的调制工艺和混酥面坯的调制工艺基本相同。常见的有两种：一种是将面坯调好后，直接成型，加工成成品；另一种是将调制好的面坯放入冰箱冷冻 24 h 后，再加工成所需的形状及大小。第二种方法用途广泛，如核桃饼干、杏仁饼干、什锦果料饼干等都是采用此种方法制作的。

【例 10-8】 杏仁饼干面坯调制

（1）基本用料。黄油 1 000 g，糖 800 g，鸡蛋 350 g，香草素、杏仁香精适量，盐 5 g，杏仁粉 300 g，面粉 1 100 g。

（2）调制工艺

1）将黄油、糖加入搅拌缸内，用中速搅拌均匀后，分数次加入鸡蛋。

2）加入盐、香草素、杏仁香精。

3）慢速搅拌，加入杏仁粉和面粉，慢慢拌匀即可。

2. 清蛋糕类饼干面坯

清蛋糕类饼干面坯的调制工艺类似清蛋糕面坯的调制工艺，只是在原料使用量上和清蛋糕略有不同。清蛋糕类饼干最常见的制品是手指饼干。

【例 10-9】 手指饼干面坯调制

（1）基本用料。蛋黄 240 g，糖 110 g，盐 5 g，蛋清 260 g，玉米粉 50 g，面粉 300 g。

（2）调制工艺

1）准备 2 个容器，分别加入 260 g 蛋清、60 g 糖和 240 g 蛋黄、50 g 糖打起。

2）将打起的蛋清、蛋黄混合拌匀，再加入过罗的面粉、玉米粉、盐拌匀即可。

有些清蛋糕类的饼干仅用蛋黄，这样制作出的饼干在口味及口感上都与加入蛋清的饼干有明显的不同。

3. 蛋清类饼干面坯

蛋清类饼干又称蛋白饼干。在欧洲，以蛋清作为主料生产的饼干不仅种类繁多，而且口味、形态也千变万化，是深受人们喜爱的一种食品。

蛋清类饼干一般以蛋清、糖作为主料，经过低温烘烤后成熟，具有酥脆香甜、入口易化、营养丰富、成本低廉的特点。

【例 10-10】 意大利蛋清杏仁饼干面坯调制

意大利蛋清杏仁饼干为一种意大利著名的饼干，常常作为其他意大利甜品的配料。

（1）基本用料。蛋清 1 000 g，糖 3 000 g，杏仁香精 2 g，杏仁粉 2 000 g，玉米粉 600 g，发粉 5 g，杏仁甜酒 50 g。

（2）调制工艺

1）将蛋清、糖放入搅拌缸内，中速打发至浓稠坚硬。

2）加入杏仁香精、杏仁甜酒拌匀。

3）加入杏仁粉、玉米粉和发粉慢速或用手搅匀即可。

（3）注意事项

1）一定要将蛋清和糖搅打坚硬后，再加入其他原料。

2）加入杏仁粉后，动作要轻柔，搅拌要均匀。

3）饼干面坯调制好后，要尽快成型、成熟。

除上述饼干面坯的调制工艺外，还有其他的饼干面坯调制工艺，但其基本调制方法并没有太大的差别。因此，只要掌握上述几种基本的饼干面坯调制方法，在实践中慢慢总结，就会融会贯通，做到举一反三，从而能更全面地掌握各种饼干面坯的调制工艺。

三、饼干的成型

面坯调制后，即可根据需要，利用各种不同的工艺方法，将饼干面坯制成各种形状。常用的成型方法有以下几种：

1. 挤制法

挤制法又称为一次成型法，就是把调制好的饼干面糊装入有挤嘴的挤袋中，直接挤到烤盘上，然后烘烤成熟。此方法可利用不同的挤嘴，制成不同花纹、形状和大小的饼干，具有简洁实用、成品生产快的特点，是大多数饼干的成型方法。但要注意，采用此方法制作的饼干，其面坯内不能含有大颗粒配料。

2. 切割法

切割法也可称为二次成型法。此方法是将调制好的饼干面坯放入长方盘或其他容器内，然后放入冰箱冷冻数小时甚至更长时间，待面坯冷却后，用刀切割成所需形状和大小。如黑白饼干、三色饼干、果酱饼干、牛眼饼干等均采用此法成型。采用此方法的饼干大多在面坯内含有大块的果仁或果料。

面坯冷却有两个目的：一是方便下一步的加工成型；二是通过冷却的过程，使面坯内的面筋质得以松弛，使烘烤成熟后的成品产生松脆的效果。

3. 花戳法

花戳法是把冷却的面坯擀成一定厚度的面片后，用花戳子戳成各种形状的方法。如混酥类的饼干除使用切割法外，还经常使用花戳法成型。

4. 复合法

复合法就是采用多种成型工艺，利用两种以上各不相同的成型方法使饼干成型。运用此方法制作出的饼干成品，既可归入饼干类，也可归入甜点类，均为较高级的甜点饼干，如蜂蜜果仁巧克力饼干、杏仁糖巧克力饼干等。

饼干的成型手法还有许多，如运用卷、写、画的方法制作蛋卷饼干、字母饼干、动物饼干等。

四、饼干的成熟

饼干面坯成型后，应放入烤箱内烘烤成熟。影响饼干成熟的主要因素是温度和时间。

饼干烘烤时的温度，受饼干重量、大小、配方中原料的性质以及放入烤箱内饼干的多少等多方面的影响。一般情况下，烘烤饼干的温度为 200 ℃左右。

饼干面坯内含有较多的糖分原料，糖分在受热过程中，极易因受热而产生焦化作用，使成品颜色变成金黄色。在烘烤时，过高的温度会使饼干着色加快，而产生内部夹生、外部颜色过深的现象，因此要严格控制烘烤温度。

烘烤时间也是影响饼干成熟的重要因素。饼干面坯加热时间长，势必造成颜色加深，甚至出现焦煳现象；相反，烘烤时间短，内部未完全成熟，外表颜色过浅，也将影响饼干的质量。

在烘烤饼干时，要根据饼干的性质和特点，以及放入烤箱的饼干数量，合理地安排烘烤温度及时间，以达到最适合的烘烤条件。

【例 10-11】 饼干卷

（1）基本用料。熔化的黄油 200 g，糖粉 200 g，面包粉 100 g，饼粉 100 g，蛋清 4 个，香草油 5 g，盐 2 g。

（2）工艺过程

1）将所有原料放入容器中搅匀，过罗至另一容器中，放入恒温冰箱，冷藏 4 h 以上。

2）烤盘上刷适量的黄油，将制成的面糊装入挤袋中，然后将面糊挤在烤盘上，挤成小圆饼状。

3）放入温度 220~240 ℃烤箱中烘烤。待周围上色时，用铲子将其铲下，卷成一个卷儿。卷制的方法是用一根筷子粗细的木棍从圆形外皮的一端卷起，卷到最后要用力压一下，再将木棍迅速拔出。

（3）质量标准。大小一致，颜色均匀，松脆可口。

（4）注意事项

1）每个烤盘（规格 400 mm×600 mm）最多挤 12 个，否则在烤制时会粘在一起。

2）在入烤箱之前要使劲振动烤盘几次。

3）一般情况下需要两人同时操作，一人负责看烤箱，一人负责卷卷儿。

【例 10-12】 牛奶饼干

（1）基本用料。黄油 500 g，白糖 500 g，牛奶 375 g，面粉 750 g，玉米粉 250 g。

（2）工艺过程

1）将黄油化软后放入容器，加入糖搅拌至黄油呈乳白色。

2）将牛奶分次加入，每次加入牛奶都要求重新打起后再加入下一次，直至加完、搅匀为止。

3）面粉、玉米粉过罗，倒入黄油牛奶糊中，调匀即成饼干糊。

4）将调好的饼干糊装入带有挤嘴的挤袋中，挤在干净的烤盘上。

5）挤好的饼干半成品放入 180 ℃的烤箱中，烤约 10 min，待制品表面呈乳黄色，即可取出。

（3）质量标准。色泽均匀，大小一致，花纹清晰，质地酥脆。

（4）注意事项

1）加入面粉时，不要过分搅拌，以防面糊出筋而影响饼干的酥性。

2）将糊挤入烤盘时，各饼干坯的间距要适当，防止相互粘连。

3）根据制品要求，正确掌握烤箱温度和烤制时间。

第五节　慕　　斯

一、慕斯的调制

1. 特性

慕斯（mousse）是西式甜点的一种，属于冷冻甜点。它是一种奶油含量很高，十分软滑、细腻的西点。

慕斯的品种很多，有各种水果慕斯、巧克力慕斯等。

2. 一般用料

慕斯常用的原料有奶油、蛋黄、糖、蛋白、果汁、酒、结力等。巧克力慕斯的主要原料是巧克力和奶油。

3. 调制工艺

由于慕斯的种类多，配料不同，调制方法各异，很难用一种方法概括。一般的规

律是，配方中若有结力片或鱼胶粉，则先把结力片或鱼胶粉用水溶化。有蛋黄、蛋清的，将蛋黄、蛋清分别与糖打起。有果肉的，把果肉打碎，并加入打起的蛋黄、蛋清。有巧克力的，将巧克力熔化后与其他配料混合。将打起的鲜奶油与调好的半成品拌匀即可。

二、慕斯的成型

慕斯的成型方法多种多样，可按实际工作需要灵活掌握。慕斯成型的最普遍做法是，将慕斯直接挤到各种上台服务的容器（如玻璃杯、咖啡杯、小碗、小盘等）中，或者挤到装饰过的果皮内。

近年来，还流行以下慕斯的成型方法：

1. 立体造型工艺法

调制好慕斯，采用其他原料作为造型的原料，使制品整体效果立体化。常用的造型原料有巧克力片、起酥面坯、饼干、清蛋糕等。通过各种加工方法，使慕斯产生极强的立体装饰效果。

2. 食品包装法

用其他食品原料制成各式各样的艺术包装品，将慕斯装入，然后再配以果汁或鲜水果，上台时会产生极强的美感和艺术性。

此方法大多将巧克力、花色清蛋糕坯等制作成各式的食品容器，用来盛放慕斯。这种方法不仅可以增加食品的装饰性，同时也提高了慕斯的营养价值。还可以用成熟的酥皮盘底或者薄饼盛装。

3. 模具成型法

将慕斯挤入或倒入各式各样的模具，整型后放入冰箱冷藏数小时后取出，使慕斯具有特殊的形状和造型。

采用此方法时，为提高产品的稳定性，在调制慕斯糊时，可多加一点结力，但不可过多，否则会产生韧性，失去慕斯的原有风味和特性。

三、慕斯的定型

定型是决定慕斯形状、质量的关键步骤。一般情况下，慕斯类制品需要成型后放入冰箱内数小时冷却定型，以保证制品的质量和特点。

慕斯的定型和慕斯的盛放器皿有着紧密的关系。一般情况下，盛放慕斯的器皿是直接上台服务的器皿，在制品定型后可直接将制品装饰供客人食用，而不需要再取出或更换用具。对于定型后需要更换器皿的制品，则要在更换器皿后再对制品进行装饰。慕斯的定型及装饰与餐具、器皿和客人的需要有着密切的关系。

【例 10-13】 水果慕斯（fruit mousse）

（1）基本用料。水果肉 500 g，结力片 10 片，蛋黄 100 g，糖 100 g，蛋清 100 g，奶油 1 000 g。

（2）调制工艺

1）把结力片用凉水溶化。

2）分别将蛋黄与 50 g 糖，蛋清与 50 g 糖打起。

3）将水果肉打碎，加入打起的蛋黄中，再将打发的蛋清拌入。

4）打起鲜奶油，与溶化的结力一起加入，拌匀即为慕斯糊。

5）把均匀的慕斯糊挤入模具，入冰箱中冷却定型。

（3）质量标准。形态完整，软硬适中，口味香甜。

（4）注意事项

1）结力片一定要用凉水泡软后再溶化。

2）蛋清与糖搅打时，要正确掌握搅打程度。

3）将打起的蛋黄、蛋清、奶油混合时，要调搅均匀。

4）对于需要脱模的制品，脱模时一定要小心，要保持制品的完整性。

第十一章

装饰工艺

第一节　色彩基础知识

一、色彩的一般现象

色彩是由于光的作用而产生的，各种物体因吸收和反映光量的程度不同，呈现出不同的、复杂的色彩现象，这样便产生了不同的色彩。红的花或绿的草，只有在光的照射下才能显出它的色相，而放在暗处就失去了它们的色彩。光是由七色光谱所组成的，即赤、橙、黄、绿、青、蓝、紫，这七种色光是自然界最基本的色，通常称为标准色。色光反映在物体上，被物体吸收，并反射出剩余部分，这就形成了人们肉眼所见的色彩。例如，绿色的黄瓜，是吸收了色光的红色、橙色、黄色、青色、蓝色、紫色，只剩绿的一种显现出来，因此在肉眼看来，便成为绿的黄瓜。

二、色彩的种类

色彩的种类主要有彩色和无彩色两大类：彩色指红、黄、蓝等；无彩色指黑、白、灰等。

1. 三原色

颜色的种类虽然很多，但是最基本的是红、黄、蓝。这三种颜色是能调和出其他色的基本色。如红加黄可调成橙色，黄加蓝可调成绿色，三色相加成黑色，但其他颜色却不能调和成红、黄、蓝色，因此，红、黄、蓝三色称为三原色。

2. 间色

三原色中，任何两色按一定比例调和即称间色，间色亦称第二色。如红加黄成橙色，黄加蓝成绿色，蓝加红成紫。要调成间色，两原色的分量要适当，一般来说，调成橙色的，红、黄比例是 5∶3；调成绿色的，黄、蓝比例是 3∶8；调成紫色的，蓝、红比例是 8∶5。

3. 复色

复色又称再间色。它是由两个间色或一个原色和黑色混合而成的第三色。如橙加绿成黄灰色，绿加紫成青褐色等。由于黑色实际上含有一定比例的红、黄、蓝色，因此如在黑色中加入某种原色，同样可以得到黄灰、青褐、红褐等复色。

4. 纯色

七色光谱的各种色相称为纯色，其他色则为非纯色。

5. 同类色

色相比较接近的颜色称为同类色，如红、紫、橙红等。在一种颜色中，加入不同量的黑、白色所产生的深浅不同的色相亦称同类色，如红与深红、绿与墨绿等。

6. 调和色

色圈上任意一色和它相邻近的色彩相互调和称为调和色，如红与橙、红与紫等。色彩明度相近的颜色相调和，色彩纯度相近的颜色相调和，分属冷暖调子的色彩相互调和也称调和色，如淡红与淡蓝、暗红与暗蓝、红色与绿色等。

三、色彩的三要素

1. 色相

色相就是色彩的相貌，它使色彩与色彩之间产生质的区别。色相通常以色彩的名称来体现，如赤、橙、黄、蓝等。色相的数目是多不胜数的，但由于视觉的关系，可以辨得出的却不多。在色彩学上，把七种标准色和它们的中间色，编成了一个能够清楚地表明色相的色环（见图 11-1）。色环也称色轮，按顺序排列，两端红与紫闭合。中间色即无数种过渡色，如红橙、黄橙、黄绿、蓝绿、蓝紫、紫红等。

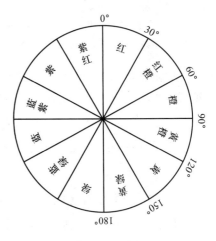

图 11-1　色环

2. 色度

色度是指色彩的明度和纯度。

明度是色彩的明暗深浅程度。明度有两种。一种是色彩本身由于光度不同而产生的明暗。例如红色，在强光处是鲜明的红，在光度较弱处是正红，在光度更弱处则是暗红，其红的程度依光递减。另一种是各种色彩相互比较的明暗。在无彩色中，白色明度最高，黑色明度最低。在彩色中，黄色明度较高，蓝、紫色明度较低。在七种标准色中，以黄色为最明，仅次于白，以紫色为最暗，仅次于黑。总之，亮的颜色明度高，暗的颜色明度低。

纯度是指含有色味的多少程度。如大红色度高于粉红、深红。色度高的色彩是正色，不混杂黑白的成分。色彩中加入了黑或白调成色，称作破色，任何颜色加入了黑色或白色，明度就随之变化，纯度也相应降低。

3. 色性

色性是人们通过颜色所产生的感受、联想，它是一种心理和生理反映。不同的色彩往往给人不同的感受，因而色彩有冷色、暖色、中性色的区别，色彩的冷、暖倾向称为色性，即色彩的性质。

所谓冷色，指黑、白、蓝等色，给人寒冷、沉静的感觉；所谓暖色，指红、黄、橙等色，给人温暖热烈的感觉；中性色则指介于冷色和暖色之间的一些色彩，如绿色、紫色等。冷暖色有时也是相对而言的。

四、食品原料的色彩

从食品原料的整个制作过程看，食品色彩包括三个方面的内容，即食品原料的固有色、食品原料的加工色、食品原料的复合色。

1. 食品原料的固有色

食品原料在不变的自然光线和无色灯光下，自身会呈现出不同的颜色，这种没有经过任何加工处理的原料自身的色彩称为食品原料的固有色或自然色。

食品原料的色彩是相对的，就拿红色来讲，有深红、浅红，有的红中偏黄，有的红中偏灰，有的红中偏紫。植物性原料基本上是红中偏黄或偏紫，动物性原料多是红中偏灰。

2. 食品原料的加工色

食品原料的加工色是指食品原料经过初步加热处理后，在不加任何无色或有色调味品的前提下，因自身的性质发生理化变化，使其固有色发生变化而产生的颜色。如绿色的原料经过热处理色泽一般加深，由绿色变成油绿色或墨绿色等。再如无色透明的虾类经过初步热处理后，色彩变红，其色相之间产生了明显的差异。所以掌握食品原料的加工色，对弄清食品原料的固有色和加工色、生料与熟料之间的色彩差异有重要的作用。

3. 食品原料的复合色

食品原料的复合色和色彩学的复合色在概念上有本质区别，它不是两种间色的调配，而是各种有色调味品根据食品味型需要，按照一定的量进行调和而产生的各种不同味道的复合色食品。

在食品的复合色中，构成食品复合色彩的主要因素是各种有色调味品和各种加工方法在食品加工过程中的使用，它们对食品色彩的变化与合成有直接的作用。其中，有色调味品和添加剂对食品色彩的影响最大。如白色鲜奶油加入有色调味品巧克力少司即可使奶油酱形成可可色，深浅则由巧克力少司的多少、浓度决定。除此之外，原料自身的色素也对食品的色泽有影响。

在食品的制作过程中，有色调味品和食品原料的固有色、加工色之间是相互影响的，在一定程度上它可以改变食品原料的基本色相而产生新的食品复合色彩。但在使用各种有色调味品时，必须以一定的味型为基础，切忌因食品色泽而影响食品的口味，要保持食品色美与味美的统一。

第二节　沾、撒、挤、拼摆

沾、撒、挤、拼摆是西式面点装饰工艺中最基本、最常用的装饰手法。在西式面点的装饰工艺方法中，往往是两种或两种以上的装饰方法交互使用，以达到完美的装饰效果，因此掌握好基本的装饰工艺方法，就显得更加重要了。

一、沾的概念、方法与要求

1. 沾的概念

沾，就是把一种或几种半成品原料沾在成品或成型体上，起衬托和增加风味的作用。如在巧克力气鼓条上沾一层巧克力，在餐后小甜点外层沾封糖或巧克力等。

沾分为全沾和部分沾两种。全沾是将制品全部沾上另外一种原料。部分沾是仅将制品一部分沾上另外一种原料。

2. 沾的方法

沾的方法有很多种，可依实际情况加以运用。在制品体积小时，还可借助手工工具来操作。

一般来讲，沾的原料大部分为液体或半液体的原料，如巧克力、封糖、果酱、糖浆等。有时也会用到固体颗粒类或砂糖类原料，如各种果仁碎、糖粉、可可粉等。

制品沾固体类原料，只要把握好制品所沾原料的多少以及制品所沾的部位，即可达到满意的效果。制品沾液体原料，情况就要复杂得多了，这是因为各种液体类原料与所装饰的制品性质、浓度不一定相同，所以在沾制成品时，首先要考虑二者之间的性质及黏合程度，以求达到成品完美的效果和质量要求。

如果制品体积过小，不便于直接用手操作时，还要借助于工具来完成沾的操作，如在沾巧克力球、餐后小甜点时，就要使用专门沾各类小甜点的工具——巧克力沾浸叉及小甜点沾浸叉。

3. 沾的要求

沾是一项技术要求较高的操作工艺，尤其是沾巧克力类、封糖类制品时，所要求的技术工艺更高。

对巧克力类制品来讲，沾后成品要求形态完整、光滑，所沾位置要完整有光泽，不能有多余的巧克力流下，巧克力不能变色，不软化。对封糖类制品来讲，要求沾后的成品平滑有光亮，薄厚均匀，成品形状完整，没有多余的封糖粘连。对于沾其他原料的成品而言，要求沾后成品形态完整，所沾的原料能衬托制品的形态及造型，增加制品的风味和色彩。

二、撒的概念、方法与要求

1. 撒的概念

撒就是将另外一种辅料撒在制品上面或撒在制品周围。撒的辅助原料起装饰和增加制品口味的作用。在西式甜点制作及装饰时，撒的主要装饰原料有巧克力碎、糖粉、可可粉、果仁碎等。

2. 撒的方法

撒的方法灵活多变，一般要依据所撒原料的性质、特点，以及所撒甜点的部位等实际情况灵活掌握。

撒粉质原料时，为了达到均匀平滑的目的，一般要借助工具，如用罗来撒糖粉、可可粉等。这样既容易掌握所撒原料的均匀度，又可增加制品的美观程度。撒固体颗粒或碎片时，直接用手操作即能达到工艺要求和质量要求。

3. 撒的要求

制品所撒的辅料必须是能美化制品的原料，必须能提高制品风味及特色，必须是成品所要求的。

在实际工作中，撒的数量和范围对甜点成品的影响很大，撒的装饰材料过多或过少都会对制品的整体造型造成影响。如撒的范围不当，不仅影响制品的整体色彩，还影响其他辅助原料的布局和造型。所以，在实际操作中，撒任何辅助原料都要考虑制品的整体布局、造型的效果。要以增加制品风格、突出制品自然造型和色彩为原则，灵活运用撒的工艺方法，以达到画龙点睛的目的。

三、挤的概念、方法与要求

1. 挤的概念

挤就是利用挤嘴、挤袋或纸卷，装入挤馅料，运用各种手法，在蛋糕或甜点等制品上挤制各式图案的工艺。

2. 挤的方法

挤的方法很多，按所挤的原料、性质划分，常用的方法有挤嘴挤法、油纸卷挤法、生面糊挤法和生面坯挤法。

挤嘴挤法，就是用挤袋和各式挤嘴，装入奶油或调色的黄油酱或其他原料，在蛋糕或其他面点制品上挤出所设计的图案、花样和造型。

油纸卷挤法，就是用油纸做成小喇叭卷，装入巧克力酱或果酱、糖粉膏等液体或半固体的原料，在蛋糕或其他制品上挤出各种字体、图案、风景、人物等较复杂的花样。

生面糊挤法，就是用挤袋装入调制好的生面糊或生蛋糊，在烤盘上挤出制品所要求的形状和大小，如各种清蛋糕类甜点、饼干等。

生面坯挤法，就是各类生饼面坯的挤法，以及某些特制蛋糕的成型挤法。制作饼干时，根据生产饼干种类的不同，所用的挤嘴也不相同，所以，在挤制生面坯时所用的手法和劲力也不相同。在挤制气鼓生面坯时，运用不同的花嘴和手法，可以制作出造型各异、形象丰富的各类制品。

3. 挤的要求

挤在成型和装饰工艺中起着很重要的作用。挤要求操作手法娴熟、流畅、自然。无论挤何种原料，都要求纹路清晰、均匀，薄厚一致，所挤内容要与制品的质量要求、造型要求相统一。在特定环境下，挤的图案要以制品的要求为准则。

在用挤嘴装饰蛋糕及其制品时，要求挤出的图案流畅、自然，具有较强的艺术性和装饰性，纹路要清晰、准确。

在用油纸卷时，用力要均匀，根据制品的大小，纸卷嘴部要选择合适的粗细度及薄厚度，所挤的字及图案要清晰、明快、自然。

在挤生面糊时，要求制品大小、薄厚均匀一致，互相不粘连。

在挤生面坯时，要求所挤出的制品及造型大小一致，花纹清晰，形态逼真自然。

四、拼摆的概念、方法与要求

1. 拼摆的概念

拼摆就是将不同的半成品、装饰品等原料，运用艺术的手法，组合成一个完整的甜点成品。在西式面点制作中，拼摆的成品既是可食的甜点制品，又是用于装饰的制品。拼摆的好坏将直接影响成品的整体效果。

2. 拼摆的方法

拼摆的方法没有一定的标准，可根据各种原料的大小、性质、色彩等合理组合、安排，以达到突出主题、风格鲜明、具有特色的目的。

在拼摆时要掌握的基本要素有两个。第一，各种原料的大小、高低，一般采用前低后高、前小后大的原则。第二，要掌握各种原料的色彩搭配，不可色彩单一或大红大绿，要以自然、清新、淡雅为原则，灵活搭配色彩。

3. 拼摆的要求

拼摆各类甜点制品，装饰制品时，要掌握好拼摆的主次关系，要将主体放在最重要的位置，然后再合理安排其他原料的位置。

拼摆的首要要求是具有鲜明的艺术性，因此，在突出主题的前提下，要运用艺术的多变性，对各种原料灵活拼摆，力争营造出丰富多采的艺术气势，以达到拼摆的装饰要求和目的。

第三节　裱　　型

一、裱型的概念、方法与要求

1. 裱型的概念

裱型就是将用料装入裱花袋（或裱花纸）中，用手挤压，将装饰用料从花嘴中挤出，形成各种各样的艺术图案和造型。

裱型常用于蛋糕表面和边缘各种造型，尤其是大型多层蛋糕或装饰蛋糕使用此方法更多、更广、更复杂。

2. 裱型的方法

裱型是一项精细的工艺，必须要以坚实的基本功为基础。裱型的方法与裱型用料、手的力度大小、花嘴的运动速度、花嘴的大小及式样都有着密切的关系。

裱型蛋糕类制品时，所用的原料大部分为黄油酱、糖粉酱、鲜奶油等。由于每种原料的组织密度、软硬度、柔韧性各不相同，因此制成的成品效果也不一样，操作时所用的劲力及运行速度也有各自的要求。一般来讲，黄油酱用于裱型蛋糕制品时，较易操作成型，因为黄油酱的软硬度、柔韧性都比较容易掌握，裱制的成品线条清晰，层次分明，有极强的立体感和质感，而且对各式花嘴的要求比较低，几乎任何花嘴都可以用于裱型。糖粉酱是用糖粉和蛋清加酸后调制而成的裱型原料，在使用时需要有一定的软硬度，过软或过硬都不能很好地使用，而且这类原料在空气中很易干硬，所以需要很熟练的基本功，才能制作出高质量的成品。鲜奶油较软，在温度较高时不易定型，所以仅用来制作较简单的裱型及装饰，不能用于比较复杂的裱型制作。

在裱型蛋糕制品时，无论使用何种原料，手用力的大小都将直接影响用料从花嘴中被挤出的形状、大小。用力越大，被挤出的料越多越粗；用力越小，被挤出的料越少越细。利用这一规律，可在操作时勾划出粗细不一、错落有致的线条和图案，还可裱制出各式字母、文字及造型。如果再适当地调换花嘴，就可制作出极具艺术力的大型裱型蛋糕制品。

在裱型蛋糕类制品时，花嘴的运动速度也关系到裱型时的艺术效果。花嘴的运动速度快，则用料从花嘴中被挤出的少而细，制品呈现柔细流畅的线条。反之，花嘴的

运动速度慢，则用料从花嘴中被挤出的多而粗，制品呈现出粗重凝厚的风格特点。如果再加以各式不同花嘴的调换使用及手用力的大小变化，即可裱制出千变万化的图案及造型。

3. 裱型的要求

裱型蛋糕制品或装饰类制品时，所用的原料不同，对裱型的要求也不相同。

在使用黄油酱裱型时，要求裱型的线条及图案要清新细腻，色彩要淡雅，造型要力求精细逼真，线条、图案都要力求活泼自然。除此之外，还要充分利用黄油酱细腻光滑这一特点，使裱型的整体效果精美优雅。

在使用糖粉酱裱型时，由于糖粉酱洁白细腻，韧性极好，因而可裱制造型极为复杂的制品，在操作时要力求精细。

在使用巧克力裱型时，要掌握好巧克力熔化时的温度，以及使用时的温度，因为只有在适当的熔化温度及使用温度下，才能最大限度地利用巧克力的软硬度及柔韧性，裱制出的制品及造型立体感强，制品有光亮，不易破损。

在使用鲜奶油裱型时，要尽量缩短操作时间，并在温度较低的室温下进行，以减小温度对奶油的影响。另外，在调制鲜奶油时，要尽力使奶油打发到细腻、软硬度适合，以利于裱型时的使用和操作。

在使用蛋清裱型时，打发蛋清和砂糖时要充分打发至白砂糖全部溶化，并要严格掌握配方的比例。

二、裱花蛋糕的工艺方法与注意事项

裱花蛋糕是西式面点经常制作的蛋糕。大型裱花婚礼蛋糕、裱花生日蛋糕、大型裱花装饰蛋糕及各种节日蛋糕，都要或多或少地使用裱花工艺，其中以大型裱花婚礼蛋糕和裱花生日蛋糕制作的数量最多，裱花工艺使用得也最多。

1. 裱花蛋糕的工艺方法

制作裱花蛋糕时，首先要准备好所用的蛋糕坯；然后要备好所需的支架或蛋糕架；最后将蛋糕坯按照制作裱花蛋糕的标准，每层分别制作成半成品，并要求抹平整、光滑，以利于裱型的操作。

裱花蛋糕的工艺方法，主要采用裱花袋挤法和纸卷挤法。

（1）裱花袋挤法。先将所用的裱花嘴装入裱花袋内，翻开裱花袋的内侧，用左手虎口抵住裱花袋中间，右手将所需的裱制原料装入裱花袋中。装料切忌过满，尤其是用糖粉酱裱制时，一般以装半袋为宜。原料装好后，将裱花袋的内侧翻回去，同时把裱花袋卷紧，将袋内空气排出，使裱花袋坚实硬挺。

裱制时，右手虎口捏住裱花袋上部，同时手掌紧握裱花袋，左手轻扶裱花袋，以不阻挡视线为原则，并以45°角对着蛋糕表面挤出，此时原料经由裱花嘴按照操作者的手法动作，自然形成花纹或形状。

（2）纸卷挤法。纸卷挤法一般裱制的线条较精细，工艺更加复杂，造型面积较小。操作时，将硬质油纸剪成三角形，卷成一头小、一头大的喇叭形圆锥筒，然后装入原料，用右手的拇指、食指和中指攥住纸卷的上口用力挤出。原料被挤出的粗细与形状可以通过纸卷尖部所剪口的大小、形状来控制。

有时，为了裱制特殊的形状，还要在纸卷内放入小巧的裱花嘴，因此，要根据需要制作适合的纸卷。

2. 裱花蛋糕的注意事项

制作裱花蛋糕是一项技术含量很高的工作，需要较强的基本功和熟练的手法。在实际制作中，任何不慎都会影响制品的形状和美观程度，注意事项为：

（1）裱制蛋糕时，双手配合要默契，动作要轻柔灵活，用力均匀。

（2）采用正确的操作姿势与操作手法。

（3）装入裱花袋或纸卷的原料量要适宜，过多或过少都会直接影响手的运动和用力的程度。

（4）要熟悉所用原料的性质和特点，做到心中有数。比如，用黄油酱裱制蛋糕时，由于掌心的温度，最靠近手掌部分在最后被挤出时往往会熔化、发软，裱制出的形状或线条会有差异，所以要及时更换。

第三部分　西式面点师高级

第十二章

综合知识

第一节 装饰原料

西式面点制作中，用于装饰的原料很多，最常用到的有巧克力、可可粉、杏仁膏、风登糖等。

一、巧克力（chocolate）

巧克力是一种重要的西式面点制作原料和装饰原料。巧克力原产于美洲，最初当地人将巧克力豆烤熟、碾碎后，配上香草、桂皮等原料制成饮料饮用。1502年哥伦布将巧克力带回到西班牙，从17世纪开始建立了加工巧克力的作坊，巧克力也被视为贵族的享用品。18世纪巧克力的制作技术从意大利传到了瑞士，于1819年建立了第一座巧克力加工厂。1875年丹尼尔·彼得制造出了第一块牛奶巧克力，1879年开始使用精加工设备，从此，各种口感的巧克力逐渐形成。

1. 巧克力的品种

常用的巧克力品种有黑巧克力、白巧克力、牛奶巧克力、无味巧克力、加色巧克力及可可脂等。

（1）黑巧克力。黑巧克力硬度大，可可脂含量较高。根据可可脂含量的高低，黑巧克力又可分为三种，即软质黑巧克力（可可脂含量为32%~34%）、挂面用硬质黑巧克力（可可脂含量为36%~40%）和超硬黑巧克力（可可脂含量为38%~40%）。黑巧克

力在西式面点中的用途极广，它既可用于面包、甜点、饼干等的制作，又可用于各类巧克力装饰品、模型等。

（2）白巧克力。白巧克力由奶粉、糖、奶脂、可可脂等主要成分组成，可可脂含量为20%。白巧克力可用于制作甜点馅心等。

（3）牛奶巧克力。牛奶巧克力的成分与白巧克力基本相同，其中奶粉含量为14%，糖含量为55%，奶脂和可可脂含量为25%。牛奶巧克力的用途广泛，可用来制作夹心巧克力等。

（4）无味巧克力。无味巧克力的可可脂含量较高，一般为50%，在调制其他巧克力制品时，需要加入稀释剂。如用无味巧克力制作巧克力馅、榛子酱、黄油酱时，一般多用油稀释。

（5）加色巧克力。加色巧克力的可可脂含量为45%左右，在生产时人为地加入色素成分，使其制品有多种颜色可供选用。加色巧克力一般用于装饰品的制作，不直接用于食品。

（6）可可脂。可可脂又称巧克力油，它是从可可豆里榨取的油脂，是巧克力中的凝固剂，决定着巧克力制品质量的高低。可可脂的熔点较高，常温下为固体，它主要用于稀释较浓或较干燥的巧克力制品，如巧克力馅料等。由于可可脂是巧克力中的凝固剂，因此，对于含可可脂较低的巧克力，加入适量的可可脂还有一定的增稠效果，可增加巧克力的坚固性。

2. 巧克力的调制方法

根据巧克力的使用目的不同，巧克力的调制方法可分为基本调制法和加油调制法。

（1）基本调制法。巧克力的基本调制法又称"双煮法""水浴法"。做法是用一大一小两个容器，最好用金属容器，小容器盛巧克力，大容器盛50℃以下温水。然后把盛有巧克力的小容器放入装有温水的大容器中，用水传热，使巧克力熔化。常用的操作方法有两种：一种方法是将所要熔化的巧克力切碎，全部放入容器中进行一次性调制；另一种方法是先将切碎后2/3的巧克力熔化，然后再加入余下的巧克力一起调制。

（2）加油调制法。加油调制法是在熔化巧克力的过程中加入适量食用油脂，使巧克力的颜色更深更光亮。加油调制法可用于较稠巧克力的稀释，增加存放过久的巧克力的光泽，也可以提高制品的硬度。添加食用油脂的种类要灵活掌握，如果巧克力可可脂含量低，硬度不够，就应添加可可脂。若巧克力在调制时过硬，则应加入适量植物油。

加油调制巧克力的一般方法是先将食用油脂加热成半流体，再加入熔化的巧克力，油脂的加入量要根据需要而定。

3. 调制巧克力的基本要求

掌握和控制巧克力的温度是制作巧克力的关键。

（1）熔化温度。熔化巧克力时最好使用恒温装置，如巧克力熔化器，水温应控制在 45~50 ℃。如果超过 50 ℃，巧克力中的油脂容易与可可粉分离，形成细小的颗粒，使熔化的巧克力不亮，并造成制品成型困难。另外，若熔化巧克力的水温过高，巧克力易吸收容器周围的水蒸气，则使巧克力翻砂，失去光泽，并有白色花斑。

（2）环境温度。制作巧克力的室内温度应为恒温，以 20 ℃为最佳环境温度。高于 20 ℃，巧克力易熔化，也不利于制品的成型。巧克力成品和半成品的储存温度一般为 15~18 ℃，湿度为 55%~65%。

二、可可粉（cocoa powder）

可可粉是可可豆经烘烤、细磨、去油、精磨而成的，可分为无味可可粉和甜味可可粉两种。

可可粉是巧克力制品的常用辅料，可可脂含量一般在 20% 以下。无味可可粉与面粉混合可制作蛋糕、面包、饼干、意大利巧克力面条等，还能与黄油一起调制巧克力黄油酱。甜味可可粉一般多用于夹心巧克力的辅料，或筛在糕点表面作为装饰，另外，甜味可可粉也广泛使用在饮料中，如冷热巧克力饮料等。

可可粉既是西式面点的辅料，也是巧克力装饰品常用的装饰原料。

可可粉用于装饰原料时，以无味可可粉为主。无味可可粉用于装饰原料时，主要有以下几种方法。

1. 加入面粉中

可可粉加入面粉制成的巧克力装饰面坯，可用来制作各式面团类装饰品，因其有巧克力的颜色，故制作出的装饰物成品形象逼真、生动。

2. 加入巧克力中

可可粉加入巧克力中，可制成巧克力装饰原料，有良好的韧性及可塑性，加之风干定型后，成品较坚固，易保存，因而是复杂的巧克力装饰品不可缺少的原料。

3. 加入糖粉中

可可粉加入糖粉中，加蛋清制成巧克力糖粉膏，是生产各式小型装饰物（如人物造型、树木、山石等）的主要原料，是圣诞节装饰物不可缺少的原料。

4. 用于甜点装饰盘的美化

可可粉可直接撒在甜点装饰盘上，用作西点的装饰，在西方大型宴会及零点的服务时，这一方法使用很普遍。

三、杏仁膏（marzipan）

杏仁膏又称马司板、杏仁面。杏仁膏是用杏仁、砂糖加适量朗姆酒或白兰地酒压制而成的半成品。

杏仁膏是西式面点制作中重要的辅助材料，它形同面团，柔软细腻，气味香醇，是制作甜点和巧克力糖馅心的辅助材料。杏仁膏的黏性和可塑性还使它成为一种重要的装饰原料。

1. 杏仁膏的制作工艺

将去皮后 2.5 kg 的杏仁，加入 2.5 kg 的细白砂糖拌匀，再加入适量朗姆酒或白兰地酒，用压馅机压 3 遍，成为细腻柔软的膏状。在压制过程中，很容易发生出油现象，一旦出油，制品就会发散，而无拉力、黏性和可塑性，其原因是杏仁含油量较大，去皮杏仁浸透水分不足。在杏仁膏的制作中，如果制品水分过足，制品质软，可上火加热，去掉部分水分，同时也能起到消毒作用，便于长时间保存。上火加热时一定要用微火，最好是用汽锅，凉透后再入冰箱保存，冰箱温度以 0~5 ℃为宜。

2. 杏仁膏的用途

（1）用于甜点的制作。杏仁膏柔软细腻，气味香醇，有浓郁的杏仁香气，利用它的这一特点，可加入糖、面粉、鸡蛋等其他原料，制作高级甜点和饼干，如意大利杏仁饼干、酥皮杏仁饼等。

（2）用于面点的馅心、巧克力馅心。杏仁膏加入适量的甜酒后，可变得更加柔软，风味独特，是制作各类甜点馅心的上好原料，也是巧克力糖果馅心的辅助原料。

（3）用于大型蛋糕、点心的铺衬。杏仁膏常用于大型点心的铺衬，特别是大型点心的各种糖皮、巧克力皮、糖粉皮、封糖皮等，都先包上薄薄一层杏仁膏，然后再挂各种糖皮，这样制出的成品既平整又美观。

（4）用作装饰原料。用杏仁膏可直接捏制各种生动的水果及动物造型，形象逼真，维妙维肖。另外，杏仁膏压薄后，用刻刀刻出各式图案及造型，干后可直接用于蛋糕装饰，也可直接作为装饰品。

四、风登糖（fondant）

风登糖又称翻砂糖、封糖、白毛粉。

风登糖是西式面点中的主要半成品之一，也是重要的装饰原料之一。它广泛应用于西式面点的装饰。

1. 风登糖的制作工艺

风登糖以砂糖为主料，用适量的水，加入 5%~10% 的葡萄糖（如无葡萄糖，可用少许醋精或柠檬酸代替）熬制而成。

（1）用料配比。白砂糖 5 kg，水 1.5 kg，葡萄糖 300 g。

（2）制作工艺

1）将大理石案台刷洗干净，备好一盆冷水。

2）把白砂糖放入平底锅中，加入水，搅拌均匀后用中火加热至沸腾，用刷子撇净糖沫并不断清洗锅边，以防止锅边的焦糖回到锅中，使糖变黑。

3）糖完全溶化后，加入葡萄糖或醋精继续加热，熬制到 115 ℃左右。将糖锅离火，用事先准备好的凉水蘸一下锅底，以达到迅速停止升温的目的。

4）检验糖水的温度，除用温度计测量外，还可用感官方法测试。试验方法有两种：一是将熬过的糖液滴在凉水里，糖液入水后凝结成软糖团即可；二是用细铁丝做一个戒指大小的圆圈，浸入糖液中即取出，用嘴对着铁圈轻轻吹，糖液能吹出气泡即可。

5）将熬好的糖液倒在洒有一层冰水的大理石桌上摊平，上面再洒一层冰水静置，使其冷却，待温度降至 40 ℃左右，用刮板将糖液铲到一起，用手掌或刮板用力向外推、搓，然后再用手拢回来，如此不断反复，当糖液全部变成乳白色，形成柔软、细腻、洁白的团状物时，即为风登糖。

6）将调制好的风登糖放入容器内，表面洒点凉水，用湿布或加盖盖好，备用。

熬制糖水时加入葡萄糖或醋精的作用是加速双糖（白砂糖）转化为单糖的速度，防止翻砂，并使风登糖洁白、滑润、细腻。

2. 风登糖的用途

（1）用于蛋糕类的挂面。挂面后的蛋糕细腻洁白，具有良好的光泽。

（2）用于甜味面包的装饰。如丹麦面包上面挤风登糖，显得更洁白可口。

（3）用于甜点的增味。如气鼓条有风登糖，吃起来更有风味。

（4）用于甜点制品装饰。风登糖加入适量的香精、色素后，可变为各种口味、色

彩的装饰原料，可挤出各种花色图案，装饰在蛋糕或甜点的表面。

（5）可制成餐后糖果。风登糖熔化后加入适量的色素、酒，挤到糖果模中，经冷却即成独特风味的糖果。如风登糖熔化后加入适量的绿色素和薄荷酒，冷却即成独特风味的薄荷糖，可直接食用。

3. 调制风登糖的注意事项

熬制风登糖的关键是火候准确、锅边干净及冷却的温度适宜。这几个环节准确无误，制出的风登糖才会洁白细腻、柔如面团，凝结后光滑而不翻砂。

风登糖在使用时需再加热熔化，使其变软。熔化的方法是：将风登糖放入容器内，放在 50 ℃以下的温水中，用"双煮法"使其熔化。如果风登糖较干硬，可加入少量的温水或糖水稀释。熔化风登糖切忌用火直接加热，以防止熔化的糖重新结晶，失去光泽。熔化风登糖的关键在于温度，最佳温度是 37~38 ℃，在此温度下其工艺性能最好。

第二节　面点制作中营养素的保护

食物中的营养素在加工过程中会发生一系列复杂的物理化学变化，有些营养素（如蛋白质、脂肪、糖类等）通过加热变得更易被人体消化吸收，有的营养素（如一些可溶性维生素、无机盐等）则或多或少地损失掉一部分。为了做到合理烹饪，需要了解营养素损失的原因，采取必要的措施，最大限度地保留营养素，达到合理营养的目的。

一、面点制作中营养素损失的原因

食物中所含的营养素经过烹调加工，除蛋白质、脂肪和糖类损失较少外，维生素及各种无机盐均易受到不同程度的破坏和损失，其原因可归纳为以下几点：

1. 溶解流失

一般面点的杂粮和制馅原料在加工之前均需洗涤或切配，由于洗涤、切配方法不当，而造成一些水溶性维生素及无机盐的流失。

维生素分为水溶性和脂溶性两种，水溶性维生素只溶于水中，传统的洗涤方法将使大量的水溶性维生素随水流失。厨房中传统的淘米方法使米中的水溶性维生素大量流失，其中维生素损失36%~60%（见表12-1），而无机盐也损失近20%。

表 12-1　米经冲洗后维生素损失情况

维生素种类	维生素含量（mg/100 g）		损失
	冲洗前	冲洗后	
维生素 B$_1$	0.1	0.04	60.0%
维生素 B$_2$	1.9	1.00	47.0%

例如，蔬菜和水果中的维生素及无机盐大量存在于细胞汁液中，由于加工方法不当而使营养素大量流失。比如先切后洗，造成部分维生素和无机盐通过切口溶解到水里而损失。制馅时，原料切得越碎，冲洗的次数越多，或用水浸泡的时间越长，则溶于水中的营养素就损失得越多。

2. 加热损失

加热是将原料制成成品的主要工艺过程，它一方面可以使食物中的营养素便于人体消化吸收，另一方面又会使一些营养素遭到破坏，特别是维生素C、胡萝卜素等营养素遇热损失的程度尤为突出。

在面点的熟制工艺中，炸和烤使维生素损失得最严重，其中维生素 B$_1$、维生素 B$_2$及烟酸损失多达50%左右；其次是蒸、煎、烙，蒸可使维生素 B$_1$ 损失41%~47%。如果煮制食品可连汤一起吃掉，则营养素损失较少。

面点熟制加热的温度越高，时间越长，维生素的损失也就越多。

3. 氧化损失

食物中的一些营养素有被氧化而破坏的特性，当食物被切开后与空气中的氧气接触而使一些营养素被氧化损失。

例如：黄瓜切成薄片后1 h，其中的维生素C就损失33%~35%，放置3 h损失可达41%~49%。这主要是因为切口长时间接触空气中的氧气，使维生素被氧化而损失。

面点工艺中，制馅原料切得越小、越碎，馅心放置的时间越长，氧化的面积就越大，维生素损失得也越多。

4. 加碱损失

维生素C、维生素 B$_1$、维生素 B$_2$ 等遇到碱性物质时，很容易被分解。因此在面点工艺中加碱，会增加维生素的损失。

二、面点制作中营养素的保护措施

在面点制作工艺中，为减少原料营养素的损失，使食物中的营养素充分被人们所利用，应采取下列保护措施：

1. 合理洗涤

对于各种食品原材料，应避免用力搓洗和多遍淘洗，以免将原料的表面细胞壁搓坏，使营养素随水流失或氧化损失。

2. 科学切配

这包括三方面的含义：一是对于各种原料，要先洗后切；二是要尽量减少切配与熟制之间的时间，因为有实践证明，切配与熟制之间的时间间隔越长，营养素损失得越多；三是在工艺允许的情况下，应尽量将原料切得相对大一些。

3. 上浆挂糊

上浆挂糊是热菜工艺中较为常见的一种方法，它可以使食品原料的表层形成保护层，从而避免食物中营养素因高温而被破坏，同时减少原料汁液的流出。面点工艺中虽然上浆挂糊的品种不多，但值得提倡。

4. 适当加醋

食品中几种重要的维生素极易被碱破坏，而酸性液体能使维生素较稳定。在面点工艺中适量加醋，可增加维生素 B_1、维生素 B_2、维生素 C 的稳定性。

5. 提倡鲜酵母发酵

制作面食时使用鲜酵母发酵，一方面可增加 B 族维生素，另一方面可破坏面粉中的植酸盐，有利于钙和铁的吸收。

6. 正确使用熟制方法

食物中的营养素在不同加热方法中会受到不同程度的破坏和损失，因此要正确使用熟制方法。

对于熟馅应采取急火快炒的烹调方法，急火快炒可以避免水溶性维生素的流失，同时还可以去掉植物性原料中的草酸和植物酸，有利于人体对钙的吸收。

第十三章

操作前的准备

第一节　辅助原料的准备

辅助原料是西式面点制作必不可少的重要组成部分，尤其是在制作高级甜点制品时，辅助原料的使用、加工决定着成品的最后质量和口味。

一、馅料的调制

馅料是西式面点的重要辅助原料之一，也是众多西式甜点必不可少的精华部分。馅料的口味和品种，直接决定着甜点的质量和种类。

1. 常用馅料的种类和调制方法

（1）常用馅料的种类。西式面点常用的馅料，按所用原料可分为巧克力类馅料（如巧克力可可糖球馅、巧克力柏林馅等）、奶油类馅料（如各式奶油慕斯馅料等）、鲜果类馅料（如黑森林蛋糕的黑樱桃馅等）、干果类馅料（如各类干果派、塔馅料，干果卷馅料等）、奶酪类馅料（如面包类奶酪馅、清酥类奶酪馅、奶酪卷馅等）。

（2）常用馅料的调制方法

1）巧克力类馅料（chocolate filling）

【例13-1】　巧克力可可糖球馅

（1）用料。黑巧克力500 g，鲜奶油500 g，朗姆酒100 g，白兰地酒500 g，可可粉100 g。

（2）制作工艺。将黑巧克力用"双煮法"熔化，或用微波炉低温加热熔化，然后倒入室温状态的鲜奶油拌匀，加入朗姆酒、白兰地酒，再拌匀即可。

此馅心可用于模制巧克力可可糖球的馅心，成品出模后，外面再滚一层可可粉即可。

2）奶油类馅料（cream filling）

【例 13-2】 鲜草莓慕斯蛋糕馅料

（1）用料。鲜草莓 400 g，糖 300 g，水 300 g，玉米粉 60 g，柠檬 1 个，金万利甜酒 50 g，鲜奶油 500 g，鱼胶片 2 片。

（2）制作工艺

1）鱼胶片泡软、化开，玉米粉用水澥开，新鲜草莓洗净。

2）将水和糖放入平底锅内，加入柠檬的汁及皮，上火煮开。

3）拿出柠檬皮，冲入化开的玉米粉，慢慢搅拌，再开锅后，倒入鲜草莓，继续煮至开锅后离火。

4）将冷却后的草莓馅放入金万利甜酒、化开的鱼胶拌匀，最后放入鲜奶油拌匀即可。

常用的奶油类馅料还有巧克力奶油馅、香草奶油馅等。

3）鲜果类馅料（fresh fruit filling）

【例 13-3】 黑樱桃馅

（1）用料。黑樱桃 400 g，糖 200 g，水 300 g，玉米粉 80 g，樱桃酒 100 g。

（2）制作工艺。先将水、糖、黑樱桃放入平底锅内，上火煮开，然后倒入澥开的玉米粉，继续煮至锅内汁液变稠发亮，离火冷却，最后将冷却后的制品加入樱桃酒拌匀，即可使用。

此方法可用于大部分鲜果类馅料的调制，但要根据用料的不同，适当增减玉米粉的用量以及调味品的种类。

4）干果类馅料（dry fruit filling）

【例 13-4】 什锦干果蜂蜜馅

（1）用料。核桃仁 100 g，腰果仁 100 g，开心果仁 50 g，杏仁片 100 g，糖 300 g，蜂蜜 500 g，鸡蛋 300 g，柠檬皮碎适量，柠檬汁适量，低度甜酒 50 g。

（2）制作工艺

1）将核桃仁、腰果仁、开心果仁、杏仁片、糖、蜂蜜放入平底锅内，用小火加热，并慢慢搅拌，以防煳底，开锅后 2~3 min 离火。

2）放入柠檬皮碎、柠檬汁、低度甜酒拌匀。

3）待锅内制品温度下降至 70 ℃以下后，加入鸡蛋拌匀即可。

5）奶酪类馅料（cheese filling）

【例 13–5】　丹麦包奶酪馅

（1）用料。奶油奶酪 500 g，糖粉 500 g，牛奶 200 g，葡萄干 100 g，柠檬汁适量，杏仁甜酒 50 克。

（2）制作工艺。将奶油奶酪、糖粉放入搅拌缸内慢速搅拌，待均匀后慢慢加牛奶，继续搅至奶油奶酪全部变软、细腻、均匀后，加柠檬汁、杏仁甜酒、葡萄干等，搅拌均匀即可。

2. 常用馅料的质量要求

（1）巧克力类馅料。巧克力类馅料的质量要求是：馅料软硬适度，适合所需的成品质量要求；馅料细腻光滑，除有巧克力口味外，还有所要求的其他口味，如酒味；馅料符合卫生标准。

（2）奶油类馅料。奶油类馅料的质量要求是：馅料有良好的软硬度，符合所制品种的要求；馅料颜色、口味符合要求；成品馅心内应无孔洞及杂物，馅心内加入的其他原料不生不煳，口味、颜色、软硬符合要求；馅料组织紧密细腻，符合产品卫生标准。

（3）鲜果类馅料。鲜果类馅料的质量要求是：馅料内所加入的鲜果，无论是冷冻鲜果还是新鲜果品，都要保证水果的新鲜及卫生，不可使用过期的或是不新鲜的水果用于调制馅心；鲜果类馅料应有良好的软硬度，甜酸适合，组织紧密光滑，内部果料不生不煳，不可夹带硬籽；馅心应有良好的口味及色泽，制品应符合产品的质量及卫生要求。

（4）干果类馅料。干果类馅料的质量要求是：制品应符合质量及卫生标准；馅心成品不生不煳，口味甜酸适度；成熟后的馅心软硬适度，干果的大小及成熟符合质量要求；成熟后的馅心组织细腻，切开后切口整齐，不应有任何汁液或馅心流出。

（5）奶酪类馅料。奶酪类馅料的质量要求是：馅料调制后软硬适度，甜度、酸度符合成品质量标准；熟制后馅料软硬适中，内部组织细密，切开后切口整齐、细腻；产品符合质量及卫生标准。

二、馅料的质量鉴定

1. 常见馅料的一般缺陷

馅料常见缺陷有：

（1）馅料过软或过硬。这是最常见的馅料不良现象，和原料配比不当有关。过软

是由于液体原料过多，或易凝固类原料较少，在烘烤或定型时出现不易凝结现象。过硬是由于易凝固类原料过多，使馅料烘烤或定型后馅心过硬。馅料过软或过硬的缺陷还和馅在烘烤或定型时的温度、时间有关。

（2）馅料成熟后易出水。造成这一缺陷的原因：一是馅料本身加入的含水原料多；二是在加工过程中未能去除原料中多余的水分；三是在烘烤时，烘烤时间过短，未能使馅心内水分蒸发出来。解决的方法：一是减少馅心内水分的加入量，如可用奶油代替牛奶或水，或者在加工过程中尽量去掉一部分原料中的水分；二是加入适量的凝固类原料；三是如果烘烤时间短，可采取延长烘烤时间，适当调低温度的办法来控制。

（3）成熟后制品馅料收缩，体积变小。造成这一缺陷的主要原因：一是馅料调制或原料配比不当；二是包裹馅料的原料不足。因此，在制作时，除了要严格按照制品配方下料、调制以外，还要依照经验，充分考虑原料、调制方法、馅心和包裹原料之间的相互关系，以及烘烤定型时所需的温度、时间。

（4）烘烤时馅料流出，制品破裂。这也是一种常见的现象，大部分出现在包馅的面包制品，以及包馅的卷类制品中。原因是加入的馅料过多，或是包裹馅料的面坯在制作时太紧，包裹不严。解决的办法，一是减少馅料的加入量，二是在制作时不要使面坯拉伸过紧。除此之外，也要考虑馅料内易受热胀发的原料是否过多，如果过多，则应减少。

2. 常用馅料的质量标准

（1）馅料要符合制品的各项要求及卫生标准。

（2）馅料的软硬度要符合成品所需的要求，不可过软或过硬。

（3）馅料的口味要符合制品的要求，不应有其他味道。调制馅料时，加入的调味品及酒类不应过多，以免影响馅料本身的口味。

（4）馅料的色泽应符合要求，一般不应加入任何的人工色素。

（5）馅料中不应有任何杂物及异味。

第二节　常用设备的使用与保养

烹饪设备和工具是西点制作的重要物质条件，了解常用设备的使用性能，对于掌握西点生产的基本技能，熟悉西点生产技巧，提高产品质量和劳动生产率都有着重要的意义。

制作西点的机电设备很多，下面只对西点制作中最常用的设备做简单的介绍。

一、常用设备的种类

1. 烘烤设备

烘烤设备主要是指烤箱或烤炉，它是西点生产的关键设备。西点坯料成型后即可送入烤箱加热，使制品定型、成熟，产生一定色泽，充分显示其风味。

烤箱的种类和样式很多，没有统一的规格和型号，按热源可分为电烤箱和煤气烤箱；按传动方式可分为炉底固定式烤箱和炉底转动式烤箱；按外形可分为柜式烤箱和通道式烤箱。

（1）电烤箱。电烤箱是以电能为热源的一类烤箱的总称，是目前大部分饭店、宾馆面点厨房必备的设备。一般电烤箱的构造比较简单，由外壳、电炉丝（或红外线管）、热能控制开关、炉膛温度指示器等构件组成。它通过电能转换的红外线热辐射、炉膛内空气的热对流和炉内金属热传导，使制品上色成熟。

电烤箱主要通过定温、定时等按键来控制，温度一般最高能达到300 ℃。一般的烤箱都可以控制上下火的温度，以使制品达到应有的质量标准。先进的电烤箱可对上下火分别进行调节，具有喷蒸汽、定时警报等特殊功能。它的使用简便卫生，可同时放置多个烤盘。

（2）远红外线电烤箱。远红外线电烤箱是我国餐饮业使用较广的一种电加热设备。它与普通电烤箱相比具有加热快、效率高、节约能源的优点。

远红外线电烤箱利用被加热物体所吸收的远红外线直接转变为热能而使物体自身发热升温，达到使食品成熟的目的。

（3）燃烧烘烤炉。燃烧烘烤炉是以煤、煤气作为主要燃料的一种加热设备。它通过调节火力的大小来控制炉温。

（4）微波炉。微波是以光速直线传播的，对物体有一定的穿透性，微波对物料的加热是在物料的里外同时进行的，而不是像常规热源的加热依赖于热传导、热辐射、热对流三种方式完成。因此，微波加热具有就地生热、瞬时升温的特点。

2. 机械设备

西点机械是西点生产的重要设备，它不仅能降低劳动强度，稳定产品质量，而且还有利于提高劳动生产率，便于大规模的生产。

（1）和面机。和面机又称拌粉机，主要用于拌和各种粉料。和面机利用机械

运动将粉料和水或其他配料制成面坯。它主要由电动机、传动装置、搅拌器、控制开关等部件组成，工作效率比手工操作高5~10倍。和面机主要用于大量面坯的调制，是面点制作中最常用的设备。使用方法是：先将粉料和其他辅料倒入面桶内，打开电源开关，启动搅拌器，在搅拌器搅拌粉料的同时加入适量的水，待面坯调制均匀后，关闭开关，将面取出。和面后将面桶、搅拌器等部件清洗干净。

（2）打蛋机。打蛋机又称搅拌机，由电动机、传动装置、搅拌器组成，主要用于搅打蛋液。打蛋机利用搅拌器的机械运动将蛋液打起泡，大桶的容量可达20 L以上，一般具有三段变速功能。它兼用于和面、搅拌等，用途较为广泛。使用后要将蛋桶、搅拌器等部件清洗干净，存放于固定处。

（3）压面机。压面机由机架、电动机、传送带等部件构成。压面机的功能是将揉制好的面团通过压辊之间的间隙，压成所需厚度以便进一步加工。

（4）分割机。分割机构造比较复杂，有各种类型，主要用途是把初步发酵的面团均匀地进行分割，并制成一定的形状。分割机的特点是分割速度快，分量准确，成型规范。

（5）揉圆机。揉圆机是面包成型的设备之一，主要用于面包的揉圆。

（6）冰激凌机。冰激凌机由机身框架、电动机、制冷装置、搅拌桶、定时器等部件组成。冰激凌机型号很多，一般搅拌桶一次能制作3~5 L冰激凌。

3. 恒温设备

恒温设备是制作西点不可缺少的设备，主要用于原料和食品的发酵、冷藏和冷冻，常用的有发酵箱、电冰箱等。

（1）发酵箱。发酵箱型号很多，大小也不尽相同。发酵箱的箱体大都是由不锈钢制成的，由密封的外框、活动门、不锈钢管托架、电源控制开关、水槽和温度湿度调节器等部件组成。发酵箱的工作原理是靠电热丝将水槽内的水加热蒸发，使面团在一定的温度和湿度下充分地发酵、膨胀。发酵面包时，一般要先将发酵箱调节到理想温湿度后方可进行发酵。发酵箱在使用时水槽内不可无水干烧，否则设备会严重损坏。发酵箱要经常保持内外清洁，水槽要经常用除垢剂进行清洗。

（2）电冰箱。电冰箱是现代西点制作的主要设备，按构造分有直冷式和风冷式两种，按用途分有保鲜冰箱和低温冷冻冰箱。无论哪种冰箱都是由制冷机、密封保温外壳、门、橡胶密封条、可移动货架、温度调节器等部件构成。风冷式冰箱有不结霜、易清理等优点，冰箱内的温度比直冷式要低。保鲜冰箱通常用来存放成熟食品和食物原料，低温冷冻冰箱一般用来存放需要冷冻的原料和成熟食品。

4. 案台

案台又称案板，它是制作点心、面包的工作台，常见的有木质案台、大理石案台、不锈钢案台和塑料案台。

（1）木质案台。木质案台的台面大多用6~7 cm厚的木板制成，底架一般为铁制、木制。台面的材料以枣木的最好，其次为柳木的。案台要求结实、牢固、平稳，表面平整、光滑、无缝。木质案台质地软，酵面类制品多用此种案台。

（2）大理石案台。大理石案台的台面一般是用4 cm厚的大理石材料制成的。由于大理石台面较重，因此其底架要求结实、稳固。大理石案台比木质案台平整、光滑、散热性能好，是做糖活的理想案台。

（3）不锈钢案台。不锈钢案台一般整体都是用不锈钢材料制成的。表面不锈钢板材的厚度为0.8~1.2 mm，要求平整、光滑，没有凸凹现象。不锈钢案台美观大方，卫生清洁，台面平滑光亮，传热性能好。

（4）塑料案台。塑料案台质地柔软，抗腐蚀性强，不易损坏，加工制作各种制品都较适宜。

5. 储物设备

（1）储物柜。储物柜多用不锈钢材料制成（也有用木质材料制成），用于盛放大米、面粉等粮食。

（2）盆。盆有木盆、瓦盆、铝盆、铜盆、搪瓷盆、不锈钢盆等，其直径为30~80 cm，用于和面、发面、调馅、盛物等。

（3）桶。桶有不锈钢桶和塑料桶，主要用于盛放面粉、白糖等原料。

此外，各种炉灶等也是西点制作的常用设备。

二、常用设备的使用与保养

1. 烘烤设备的使用与保养

（1）烤箱的使用与保养

1）烤箱的使用。烘烤是一项技术性较强的工作，操作者必须掌握所使用烤箱的特点和性能。

①在启用新烤箱前应详读使用说明书，以免因使用不当出现事故。

②烘烤食品前烤箱必须预热，待温度达到工艺要求后方可进行烘烤。

③温度确定后，要根据某种食品的工艺要求合理选择烤制时间。

④在烘烤过程中，要随时检查温度情况和制品的外表变化，及时进行温度调整。

⑤使用烤箱后应立即关掉电源，温度下降后要将残留在烤箱内的污物清理干净。

2）烤箱的保养。注意对设备的保养，不但可以延长设备的使用寿命，保持设备的正常运行，而且对产品质量的稳定具有重要意义。烤箱的保养主要有以下几点：

①经常保持烤箱的清洁，清洗时不宜用水，以防触电，最好用厨具清洗剂擦洗，不能用钝器铲刮污物。

②保持烤具的清洁卫生，清洗过的烤具要擦干，不可将潮湿的烤具直接放入烤箱内。

③对于长期停用的烤箱，应将内外擦洗干净后，用塑料罩罩好，在通风干燥处存放。

（2）微波炉的使用方法与注意事项

1）微波炉的使用方法

①接通电源后，要根据加热原料的性质、大小及加热目的（成熟、烧烤、解冻等）、加热时间，将各功能键调至所需位置。

②打开炉门，将盛放食物的容器放入炉内，关好炉门，按启动键。

③加热完成后，打开炉门，取出食物，切断电源，用软布将炉内外擦净。

2）使用微波炉的注意事项

①严禁空炉操作。

②烹调时，盛放被加热物的容器必须放在转盘上。转盘在烹调时自行转动，使加热更均匀。

2. 机械设备的使用与保养

（1）设备使用前要了解设备的机械性能、工作原理和操作规程，严格按规程操作。一般情况下都要进行试机，检查运转是否正常。

（2）机械设备不能超负荷使用，应尽量避免长时间运转。

（3）有变速箱的设备应及时补充润滑油，保持一定油量，减少摩擦，避免齿轮磨损。

（4）各种设备应置于干燥处，防止潮湿短路。每次开机时间不宜过长，若需长时间工作，应在操作过程中有一定的停机冷却时间。

（5）机器使用前应先检查各部件是否完好，运行是否正常。待确认后，方可开机操作。

（6）设备运转过程中不能强行扳动变速手柄以改变转速，否则会损坏变速装置或传动部件。

（7）要定期对主要部件、易损部件、电动机传动装置进行维修检查。

（8）经常保持机械设备清洁，可用弱碱性温水擦洗机械设备外部，清洗时要断开电源和防止电动机受潮。

（9）设备运转过程中听到异常声音时应立即停机检查，排除故障后再继续操作。

（10）设备上不要乱放杂物，以免掉入设备内部损坏设备。

3. 电冰箱的使用与保养

电冰箱应放置在空气流通处，四周至少留有 10 cm 的空隙，以便通风降温。冰箱内存放的东西不宜过多，存放时要生熟分开，堆放的食品要留有空隙，以保持冷气畅通。食品放凉后方可放入冰箱，要尽量减少冰箱门的开关次数。关门时必须关紧，以使内外隔绝，保持冰箱内的低温状态。除此之外，电冰箱在使用过程中还应做好日常保养工作。

（1）要及时清除蒸发器上的积霜。除霜时要断开电源，把存放在冰箱内的食品拿出来，使霜自动融化。

（2）冰箱制冷系统管道很长，若拆装或搬运时不慎碰撞，都可能造成管道破损、开裂，使制冷剂泄漏或使电气系统出现故障。冰箱制冷达不到要求多是由于制冷液泄漏所致，因此要经常对冰箱管道进行检查，如发现问题应及时进行维修。

（3）冰箱在运行中不得频繁切断电源，否则会使压缩机严重超载，造成压缩泵和驱动电动机的损坏。

（4）电冰箱停用时要切断电源，取出冰箱内食品，融化霜层，并将冰箱内外擦洗干净，将冰箱门微开，用塑料罩罩好，放在通风干燥处。

4. 案台的保养

案台使用后，一定要彻底清洗干净。一般情况下，要先将案台上的粉料清扫干净，用水刷洗后，再用湿布将案面擦净。

5. 储物设备的保养

经常擦拭储物设备，保持内外干净、干燥。

第十四章

第一节　清酥类点心

清酥面坯是冷水面团与油面团互为表里，经过反复擀叠、冷冻等工艺而制成的面团。清酥面坯制品具有层次清晰、入口香酥的特点，是西式面点制作中常用的面坯之一。

一、清酥面坯的调制工艺

1. 特性

清酥面坯是由两种不同性质的面团组成的，一种是面粉、水及少量油脂调制而成的水面团，另一种是油脂中含有少量面粉结合而成的油面团，两者相间擀叠而成。清酥面坯形成多层、膨胀的原因，主要有两个。

第一，由湿面筋的特性所致，清酥面坯大多选用含面筋质较高的面粉，这种面粉具有较好的延伸性和弹性，它有像气球一样被充气的特性，可以保存空气并能承受烘烤中水蒸气所产生的胀力，每一层面皮可随着空气的胀力而膨大。面坯烘烤温度越高，水蒸气的压力越大，而湿面筋所受的膨胀力也越大，这样面层不断受热膨胀，直到面筋内水分完全被烤干为止。

第二，清酥面团中有产生层次能力的结构和原料，水面团与油脂互为表里，有规律地相互隔绝，当面坯进炉受热后，会产生作用。面坯中的水面团受热产生水蒸气，水蒸气滚动形成的压力使各层开始膨胀，即下层面皮所产生的水蒸气压力胀起上层面皮，一层一层逐渐胀大。随着温度升高，时间加长，水分不断蒸发并逐渐形成一层层"碳化"变脆的面坯结构。油面层受热渗入面皮中，使每层的面皮变成了又松又酥的酥皮，但由于面筋质的存在，面坯仍然保持着原有片状的层次结构。

2. 一般用料

清酥面坯的主要用料是高筋面粉、油脂、水、盐等。它们在面坯中发挥着各自的作用。

3. 工艺方法

清酥面坯的调制，是一项难度大、工艺要求高、操作复杂的制作工艺。其具体方法有两种，一种是水面包油面，另一种是油面包水面。

（1）水面包油面

1）调制水面坯。先将过罗的面粉与盐、油脂放在搅拌机中慢速搅拌，然后慢慢加水，改用中速搅拌至面坯均匀有光泽。取出面坯，放在工作台上，将面团分割、滚圆，并在滚圆的面坯顶部用刀割十字裂口（其深度约为面坯高度的1/3），然后用湿布盖在加工好的面坯上进行醒置。

2）调制油面坯。油脂化软，根据原料配比与适量面粉搓匀成长方形或正方形，放冰箱中冷却。

3）包油。将醒好的水面坯或油面坯擀或压成四边薄、中间厚的正方形，油面坯放在水面坯中央，然后分别把面坯四角的面皮包盖在中间的油面坯上，包好油的面坯稍醒置后，即可折叠擀制。

4）擀叠。将醒置后的面坯放在撒有少许干面粉的工作台上，用走槌从面坯中间部分向前后擀展开，当面坯擀至长度与宽度之比为3:2时，从面坯两边叠上来，叠成三折，然后将折叠成三折的长方形面团横过来，进行第二次擀制，方法同第一次。擀叠完成后放入冰箱冷却，冷却后手摸黄油稍有硬感时，就可进行第三次和第四次擀制。待面团全部擀完后，将面团放在托盘内，用湿布盖好放入冰箱备用。

（2）油面包水面。油面包水面与水面包油面的原料、工艺过程基本相同，只是用料配比及操作手法有差异。

油面包水面的方法是：根据原料配比，分别调好油面和水面。待面坯冷却后，将油面擀成长方形，把水面放在擀开的油面一端，对折，然后用走槌或压片机进行反复擀叠，最后将面坯用湿布盖好，放入冰箱备用。

4. 注意事项

（1）制作清酥面坯的面粉应用高筋面粉，低筋面粉不易使面团产生筋力，烘烤后

制品层次不清，起发不大。

（2）宜采用熔点较高的油脂。熔点低的油脂在折叠时容易软化，影响成品起酥效果。

（3）面粉与油脂要充分混合均匀，不能有油脂疙瘩或干面粉。

（4）包入的油脂应与面团的软硬一致，油脂过软或过硬，都会出现油脂分布不均匀或跑油现象，降低成品的质量。

（5）压制面坯时，注意压面机刻度不可一次调得过大，避免压制面坯时挤出油脂。擀制面坯时，面坯要厚薄均匀。

（6）每次擀叠时，干面粉的使用量不可过多。

【例14-1】 清酥面坯

（1）原料配比

1）水面团。高筋面粉1 000 g，水500 g，盐25 g，糖1 g，黄油200 g。

2）油面团。黄油800 g，面粉100 g。

（2）工艺方法

1）调制面团

①调制水面团

a. 先将过筛面粉、盐、糖、黄油放在和面机内慢速搅拌均匀，然后慢慢加入水，改用中速搅拌，使面团吃水均匀。

b. 将调制好的面团取出，放在撒有少许干面粉的工作台上，根据需要将面团分割，然后滚圆，并在滚圆的面团顶部用刀割一个十字裂口，其深度是面团高度的一半，用保鲜纸包好面团后，放入冰箱内，使面筋质得以最大限度的松弛，一般为10~24 h。

②调制油面团。将800 g的黄油和100 g的面粉混合，搅拌均匀，使干面粉完全融入黄油内，然后将油面团制成长方形，放入冰箱内冷却。

2）包油。将醒制好的水面团从冰箱内取出，在压面机上擀成长方形面坯，将油面团从冰箱取出，擀压成薄一点的长方形片状，将分成等份的油面坯放到水面坯中央，然后分别把面团四角抻开，盖在中间的油面坯上，即可进行擀叠。

3）擀叠。根据使用面粉及油脂的情况，可采用三折法或四折法压制成型。具体方法为：

①三折法。擀叠时先把松弛好的面坯放在压面机传送带上，将面坯压制成长度与宽度比为3∶2、厚度为1 cm的长方形，把油脂放在面坯中央，然后将面坯从长度的1/3处折叠盖在油脂上，接着再把另1/3折叠起来，继续擀压成长方形，然后以上述同

样方法折叠，把面坯放入冰箱松弛冷冻 20 min，即完成一次擀叠工艺。将面坯用同样方法反复擀叠三次后，用保鲜纸封好，放入冰箱内备用。

②四折法。四折法的压制原理和三折法相同，只是折叠方法略有不同。把面坯放在压面机传送带上，压成长方形，其长度为宽度的 2 倍，厚度为 1 cm，然后把两端面坯向中央处对折，使面坯两端折合，形成 4 层，再按上述方法进行压制、折叠、冷却，完成第一次折叠。根据需要以同样方法操作 3~4 次即可。

二、清酥制品的成型

1. 工艺方法

清酥类点心成型的一般方法是：将折叠冷却完毕的面坯放在工作台上擀薄擀平，或用压面机压薄压平，面皮的厚度应按产品的种类不同而有所区别，一般为 0.2~0.5 cm，然后将面坯切割成型，或运用卷、包、码、捏、借助模具等成型方法制成所需产品的形状。

2. 注意事项

（1）用于成型工艺的清酥面坯不可冻得太硬，如过硬，应放在室温下使其恢复到适宜的软硬程度，以方便操作。

（2）成型后的面皮厚薄要一致，否则制出的产品形状不完整。

（3）操作间的温度应适宜，应避免高温。

（4）成型操作要快、干净利索，面坯在工作台上放置时间不宜太长，防止面坯变软，增加成型的困难，影响产品的膨大和形状的完整。

（5）用于成型切割的刀应锋利，切割后的面坯应整齐、平滑，间隔分明。

三、清酥制品的熟制

1. 工艺方法

清酥制品大多应用烘烤的方法成熟，有的制品根据需要也可用炸的方法成熟。其一般方法是：将成型后的半成品放在烤盘中，放入已提前预热的烤箱中，使制品成熟。其烘烤温度和时间根据制品要求而定。烤箱的温度一般为 220 ℃。

对于体积较小的清酥制品，烤箱温度宜稍高些，同时烤箱内最好有蒸汽设备。因蒸汽可防止产品表面过早凝结，使每一层面皮都可以无束缚地膨胀起来，增加制品的膨胀度。

对于体积较大的清酥制品，烘烤时温度不需过高，因制品体积大，若温度太高，制品表面已上色、成熟，但制品内部还未膨胀到最大体积，制品不能再继续膨胀，从而影响了制品的酥松度。

在实际工作中，防止制品表面色泽过深而制品未熟的常用方法是，当清酥制品已上色，而制品内部还未熟时，可以在制品上面盖一张牛皮纸或油纸，以便保持制品在烤箱内能均匀膨胀。当制品不再继续膨胀时，可以将纸拿下，改用中火继续将制品烤熟。

2. 熟制注意事项

（1）确认清酥制品已从内到外完全成熟后，才可将制品拿出烤箱。否则制品内部未完全成熟，出烤箱后会很快收缩，内部形成胶质，严重影响成品质量。

（2）在烘烤过程中，不要时常将烤箱门打开，尤其是在制品受热膨胀阶段，因为清酥制品是完全靠蒸汽胀大体积的，烤箱门打开后，蒸汽会大量逸出烤箱外，正在胀大的清酥制品会不再膨胀，使产品体积缩小。

（3）避免振动烤盘，在膨胀过程中制品若受较大的振动，也会严重影响其体积的增大。

3. 成品质量标准

（1）制品应内外熟透，颜色正常。

（2）制品外观整齐，不歪不斜。

（3）制品的卫生状况良好，底部不煳，无杂质粘连。

（4）制品口味符合质量标准。

【例14-2】　拿破仑

（1）原料配比。清酥面坯500 g，奶油酱500 g，翻砂糖200 g，巧克力50 g。

（2）工艺过程

1）制面坯。将清酥面坯从冰箱中取出，放在压面机上擀制成约1.5 cm厚的薄片，放在烤盘上，扎眼冷冻后，再放入210 ℃左右的烤箱中烘烤，出烤箱待冷却后方可使用。

2）奶油酱的调制。将奶酪粉和水按1：2比例搅拌均匀，加适量打起的奶油即可。

3）成型。先将烤熟的清酥面坯用锯齿刀分成大小均匀的3块，按照一层清酥面坯一层奶油酱的次序，形成有三层清酥薄片、两层奶油酱的长方形。

4）将翻砂糖放入容器中加热化软后，浇在长方形拿破仑面上抹平，挤巧克力线，用小刀划出花纹，然后放入冰箱冷却片刻，最后根据需要切块成型。

（3）质量标准。外形整齐、美观，层次清晰，酥香可口。

（4）注意事项

1）调制翻砂糖的水温不要超过 50 ℃。

2）清酥薄片不能过薄，也不能太厚。

【例 14-3】　苹果酥条

（1）原料配比。苹果馅 350 g，清酥面团 500 g，鸡蛋液 50 g。

（2）工艺过程

1）调制苹果馅。将黄油、糖炒成焦糖色，再加切好的苹果片，炒至透明后，加入葡萄干，苹果馅冷却后待用。

2）将清酥面坯从冰箱中取出，放在压面机上擀成 2 cm 厚的薄片，切成 50 cm 长、9 cm 宽的段，上面放炒好的苹果馅，面坯两边刷鸡蛋液，然后再将另一块长 50 cm、宽 11 cm，中间切有小长口的清酥面坯放在铺有苹果馅的面坯上，将半成品两侧压花纹，刷鸡蛋液，先入冰箱冷冻 4 h，再放入 200 ℃烤箱烘烤，待表面呈金黄色后取出，冷却后即可食用。

（3）质量标准。形态完美，色泽金黄，香酥味美。

（4）注意事项

1）苹果馅的焦糖颜色不宜过深。

2）冷冻后再烘烤，以防清酥面坯收缩。

第二节　松 质 面 包

松质面包的主要特点为层次分明的内部结构和松软香甜的口味，而其制作方法也与一般面包的制作方法不相同。它是将面粉、糖、水、油脂、鸡蛋、盐等基本原料均匀搅拌成面团后，再包入黄油，经过擀平、相叠、相拼等操作程序而成。烤熟的面包表皮香酥，质地松软。

一、松质面包面坯的调制

1. 特性

松质面包质地酥松，这种面包的代表要属丹麦面包。丹麦面包起源于丹麦籍的一

位大师，后来传遍整个欧洲，也风行世界各地。丹麦面包是一种油脂成分较高、成本较贵的高级面包，它质松可口，风味绝佳，深得人们的喜爱。

丹麦面包发展至今，大致可分为欧洲式、美国式和日本式三种。

欧洲式的丹麦面包，面团本身成分较低，而裹入油脂较多，其做法是将整块奶油包入后，再擀平、折叠。烤熟后的面包表皮酥脆、层次分明。

美国式的丹麦面包，面团本身油、糖配比成分高，尤其糖和油的比例接近甜面包，但面皮内裹入油脂量少，有的仅用涂抹方法，用手将化软的油脂涂抹在擀薄的面团上，经折叠、擀制而成。这种做法烤成的面包，没有明显的层次感，但体积较大、质地柔软。

日本式的丹麦面包，则是综合欧洲式和美国式的优点，面团本身成分较高，但糖量适中，而蛋量、裹入的油脂较欧式、美式多，所以，烤成的面包不仅质松、爽口，而且层次分明、不油腻，有浓郁的奶油香味。

2. 一般用料

松质面包大多以面粉、糖、水、油脂、鸡蛋、盐等为基本原料，只是根据制品种类的差异，其原料之间的配比有区别。

3. 工艺方法

松质面包的工艺方法与一般面包不同，它是将发酵一定程度的面团裹入黄油，经过擀压、折叠而形成的。其具体方法类似"清酥面坯"，但松质面包的水面坯是发酵面坯，而且根据制品种类，水面坯的用料配比有区别。

4. 注意事项

（1）水面坯发酵要适度，不可发酵过度。

（2）面坯包油脂时，要根据制品需要及面坯情况灵活掌握油脂的软硬度。

二、松质面包的成型

1. 工艺方法

松质面包面团完成3次折叠后，即可依照面包的要求、厚度、大小分割包馅或造型。松质面包品种不同，其成型工艺方法也不同。就丹麦面包而言，丹麦面包有的在面坯成型前成型，有的在面坯成型后成型，但一般需加入一些其他原料后才能完成成型工作，如加入各种馅料、奶酪酱、鲜水果或巧克力等。在松质面包成型的过程中常用的工艺方法有以下几种：

（1）卷。将面坯压薄或擀薄后，其表面抹上奶酪酱或果酱，或撒上果料、肉桂粉，然后卷起成长条形，用刀切成厚 2~3 cm 的圆片，码放到烤盘上，醒发后烘烤即成。

（2）切。面坯压薄或擀薄后，用刀切成大小均匀的方形、长方形或平行四边形等，上面抹上奶酪酱或码上罐头水果等，经整型、醒发即为半成品。

（3）折叠。面坯压薄或擀薄后，切成长方形或正方形等形状，抹上奶酪酱或干果酱后，对折或交叉对折成型，醒发后烘烤。

（4）包。面坯压薄或擀薄后，切成所需的大小，在中间放上馅心，然后对角折叠包起，或平行包起成型，醒发后烘烤。

总之，松质面包的成型方法很多，有时需要一种方法，有时需要两种或两种以上的成型方法配合使用完成。

2. 注意事项

（1）成型切割时要保证面团有一定的硬度，如果过软，那么应放入冰箱冷冻片刻后再切割成型。

（2）无论采用哪种成型方法，凡有面坯接口的部位，都应刷少许蛋液，以防烘烤时开裂，影响成品的美观。

（3）操作间温度过高时，每次成型的松质面包的面坯不宜太大，否则在高温下面团会发酵，使制品的发酵度前后不一，影响造型和成品品质。

三、松质面包的成熟

1. 成熟的一般方法

松质面包多以烘烤的方法使制品成熟，因此，烘烤的温度及时间是制品成熟的关键。

烤箱温度一般为 200 ℃左右，烘烤时间为 15~20 min。烘烤松质面包时，最好选用具有抽风功能的烤箱。这种烤箱可以在面包成熟的最后阶段打开抽风口，将多余的蒸汽抽出，保持面包表皮的酥松。

松质面包内部含有较高的油脂成分，要保证制品烘烤完全成熟，必须待面包内部成熟后再出烤箱，否则，过早出烤箱，面包会很快收缩，影响成品的质量和口味。

2. 成熟的要求

（1）成品入烤箱后不可急剧振动，也不要时常打开烤箱门。

（2）面包胀发到最大限度后，可以适当降低烤箱温度，使面包内部完全成熟。

3. 质量标准

（1）成品内外完全成熟，不生不煳。

（2）制品具有良好的外部感观，体积、颜色正常，符合质量要求。

（3）制品造型美观，层次分明。

（4）制品具有应有的口味和酥松的特点。

【例14-4】 丹麦面包

（1）原料配比。面包粉5 000 g，糖700 g，酵母120 g，奶粉150 g，盐80 g，面包改良剂10 g，鸡蛋500 g，黄油300 g，水2 400 g，牛角黄油2 000 g。

（2）工艺方法

1）将上述原料（除牛角黄油外）依次放入和面粉容器内，慢速搅拌2 min，然后改用中速搅拌8 min。

2）将搅拌好的面团分割成每块重2 500~2 700 g，放入冰箱，发酵、松弛1~2 h。

3）将发酵好的面团放在压面机上压成长方形，将牛角黄油放在面坯上，如同包清酥面坯一样，采用三折法将面坯包好，反复擀叠2~3次。

4）将擀叠好的面坯封好保鲜纸，放冷冻冰箱备用。

5）将冷冻后的面坯压成或擀成长方形，再均匀地分割成等面积的三角形，在三角形底边的中间部位切一小口，使底边略宽，易使制品成型。一只手按着顶角，另一只手把底边往上卷成牛角形，码入盘中。

6）将码盘的牛角包放醒发箱中醒发至原体积的两倍时，刷一层鸡蛋液。

7）将醒发完毕的牛角包放入220 ℃的烤箱中烤至金黄色出炉，冷却，最好在两小时内食用。

（3）质量标准。外形整齐，层次分明，体积膨松，质地松软，口味香浓。

（4）注意事项

1）包黄油时，面坯和黄油的软硬度要相等。

2）面团包黄油后，用压面机压制面坯时不可一次压得太薄，以免造成面坯表皮的破损。

3）包黄油过程中，要注意面团的软硬情况。如果过软，就应放入冰箱内冷却至稍硬后，再继续操作。

第三节 脆皮面包

一、脆皮面包面坯的调制

1. 特性

脆皮面包表皮松脆，内部柔软而稍具韧性，食用时越嚼越香，充满浓郁麦香味。脆皮面包的代表品种为法式面包。法式面包的表皮之所以能够达到脆皮的效果，是因为其原料配方中含有大量水分和酵母，而且整型后发酵时间充分。充分的发酵时间能使面筋充分伸展，体积增大，制品内部充满空气，使面包内部组织松软可口，表皮松脆。

脆皮面包广泛应用于西餐的各种场合，从早餐到晚餐作为配餐面包，用途极广。

2. 一般用料

脆皮面包以面粉、酵母、盐、水为主要原料，蛋、糖、油脂的用料较其他面包少。

3. 工艺方法

脆皮面包的调制方法与甜包的调制方法基本相同，只是原料的种类、配比有差异。一般方法是：将所有原料放入搅拌容器中，以低、中、高的速度顺序将原料搅拌，形成面团。

4. 注意事项

（1）搅拌面团时要搅拌充分，要使面筋质形成最大膨胀值。

（2）夏季如室内温度过高，可以在和面时加冰水调制面团。

二、脆皮面包的成型工艺

1. 脆皮面包成型工艺方法

脆皮面包成型工艺方法有多种，常采用以下方法使面包成型。

（1）搓：将面坯搓成枣核形。

（2）编：将醒发好的面坯先搓成长条，然后再编成花样。

（3）揉：将面坯揉成圆形，醒发好后再切割、拉口。

（4）压：将面坯醒发好后，用木棍在面包中间压一下。

总之，脆皮面包的成型方法千变万化，灵活多样。

2. 注意事项

（1）成型操作时，要注意相同品种的操作手法要一致，动作要到位。

（2）成型操作动作要快，准确。

（3）成型过程中，要尽量缩短操作时间，使所有面包保持相同的发酵速度。

三、脆皮面包的成熟工艺

1. 工艺方法

脆皮面包的成熟方法是烘烤成熟，但烘烤的要求与一般面包有区别，它要求制品在烘烤前，烤箱中有充足的水蒸气，保持较高的湿度，使热空气能良好流动，有利于面包的受热，胀发均匀。在烘烤的后半期，要求适当降低烤箱温度，打开抽气口，使多余的热气排出，以保证脆皮顺利形成。脆皮面包的烘烤温度为 220 ℃左右。

2. 注意事项

（1）烤箱中要保持良好的湿度。

（2）脆皮面包放入烤箱后的前 10 min 内不要打开烤箱门，防止蒸汽跑出。

（3）在面包的胀发阶段，要避免制品受到剧烈振动。

3. 质量标准

（1）制品应具有良好的色泽，不生不煳。

（2）制品长短、粗细一致，不能相差过大。

（3）成熟后的制品外皮松脆，内部组织松软，具有良好的口味和香味。

【例 14-5】 法式面包

（1）原料配比。面包粉 1 500 g，酵母 30 g，助发剂 5 g，盐 10 g，水 800 g。

（2）工艺方法

1）将面粉、发酵粉、助发剂放入和面缸内，慢速搅拌 2 min。

2）加入水后，中速搅拌 10 min，加入盐，再搅拌 3~5 min，形成面团。

3）将调制好的面团入醒发室发酵 30 min 左右。

4）分割面团，搓圆，用湿布盖好，静置。

5）将静置完毕的面坯半卷半砸搓长，搓至结实，放在烤盘上，静放在温度为 25 ℃左右、湿度为 75%~80% 的环境中醒发。

6）待面包体积增至原来体积的 2 倍时，用锋利刀尖在面团表面快速、均匀地割数刀，刷水或鸡蛋液或玉米粉水。

7）将制品放入事先已喷射蒸汽，温度为 220 ℃的烤箱中烘烤至焦黄色时，即为成品。

（3）质量标准。外形端正，大小、粗细均匀，表皮松脆，内质柔软而有韧性，麦香味浓郁。

（4）注意事项

1）调制面团时加水量要适度。

2）面坯成型时，制品一定要搓、砸结实。

3）制品大小要一致。

4）严格控制发酵时间。若发酵时间过短，则面团表皮厚，整型容易破裂；若发酵时间过长，则表皮易剥落。

5）用刀在面包表面割口后，要迅速放入烤箱，防止面包塌陷。

6）灵活掌握烘烤的温度和时间。

第四节　风 味 蛋 糕

一、风味蛋糕面坯的调制

1. 特性
风味蛋糕是指口味、制作工艺较一般蛋糕特殊的蛋糕。风味蛋糕具有制品风味独特、质地松软的特点。在我国较有名的西方风味蛋糕有黑森林蛋糕、巧克力核桃蛋糕等。

2. 一般用料
风味蛋糕一般用料有面粉、鸡蛋、白糖、各种干果、罐头、巧克力、各种调味酒等。

3. 工艺方法
常见风味蛋糕的工艺方法因品种不同有区别，有的依靠鸡蛋的起泡性，有的依靠黄油的充气性，还有的依靠膨松剂使制品膨松，大多是通过搅打、成型、烘烤而成的。但就单一品种而言，搅打的方法也有不同，如蛋液的搅打，有的蛋清、蛋黄一起搅打，有的蛋清、蛋黄分开搅打。因此，风味蛋糕的工艺方法视具体品种的不同有差异。

4. 注意事项

（1）调制风味蛋糕时，要按照风味蛋糕的生产程序和标准来操作。

（2）要了解各种风味蛋糕的调制方法、生产方法及原材料的合理使用。

（3）正确掌握风味蛋糕的成熟方法。

二、风味蛋糕的成型方法与要求

风味蛋糕的成型应依照蛋糕的质量要求来操作。在实际工作中，大多数风味蛋糕的成型是借助模具来完成的。有的蛋糕是在模具的基础上，根据风味蛋糕的特殊性再进行蛋糕的造型、装饰，如沙架蛋糕。此外，在风味蛋糕的成型过程中，有时还将两种或两种以上不同种类、色泽的原料交叉使用，使制品美化、成型。

三、风味蛋糕的成熟工艺方法与要求

1. 工艺方法

大多数风味蛋糕的成熟采用烘烤的方法，烘烤的温度及时间应按照蛋糕的品种和性质加以合理控制。一般来讲，不含油脂的蛋糕所需要的温度相对要高一些，时间短一点；而油脂蛋糕所需的温度低，时间要长一些。此外，烘烤温度和时间还与蛋糕的大小、薄厚、内部原料的成分有紧密的关系。

2. 注意事项

根据制品特点灵活掌握烘烤温度与时间，保证不生不煳，起发正常。

3. 质量标准

制品外形整齐，形态周正，质地松软，符合风味蛋糕的各项要求和风味特点。

【例14-6】黑森林蛋糕

（1）用料配比。鸡蛋500 g，糖320 g，面粉200 g，玉米粉120 g，可可粉50 g，黄油100 g，鲜奶油1 000 g，黑樱桃200 g，樱桃酒30 g，巧克力碎80 g。

（2）工艺方法

1）将面粉、玉米粉、可可粉过筛。

2）将鸡蛋、糖放入搅拌缸内，搅拌至发泡，将面粉、玉米粉、可可粉拌入，轻轻拌匀，最后加入熔化的黄油，拌匀后倒入蛋糕模具内。

3）放入190 ℃的烤箱内，烘烤15~20 min。

4）将烤好的蛋糕脱模、晾凉，片成四片备用。

5）将樱桃酒、打起的奶油、黑樱桃依次加入片好的蛋糕片之间。

6）蛋糕表面及四周用奶油覆盖均匀，撒上巧克力碎。蛋糕表面也可以用鲜奶油裱花，以黑樱桃点缀。

（3）质量标准。形态整齐美观，质地松软，口味香美。

（4）注意事项

1）蛋液搅打程度要适中。

2）蛋糊加入面粉后，搅拌均匀即可，防止过度调搅而使面糊"起筋"。

3）根据制品大小、薄厚，灵活掌握烘烤温度和时间。

4）蛋糕脱模时，要保持制品的完整。

【例 14-7】　咖啡奶酪蛋糕

（1）用料配比。奶酪 500 g，糖 100 g，蛋黄 4 个，鱼胶粉 45 g，蛋清 4 个，淡奶油 1 250 g，咖啡糖水 500 g。

（2）工艺过程

1）将淡奶油打起，放入冰箱。

2）将奶酪加糖打起，加入蛋黄，然后逐渐加入咖啡糖水，搅匀。

3）蛋清与糖打发。

4）将打起的蛋清、蛋黄混合，加入溶化的鱼胶粉，最后加入打起的淡奶油，搅拌均匀。

5）在铺有白蛋糕坯的蛋糕模中，抹一层打起的奶酪糊，放一层蛋糕，然后在蛋糕上再抹一层打起的奶酪糊，待抹平后，放入冰箱备用。

（3）质量标准。外形整齐美观，口感香甜细腻，有浓厚的咖啡香味。

（4）注意事项

1）咖啡要调开，不能有咖啡疙瘩。

2）奶酪糊要搅打细腻，不能打澥。

3）奶酪糊要抹平、抹匀，要保持形态的整齐、周正。

4）待蛋糕冷却凝固后，方可取出，加以必要的装饰。

【例 14-8】　栗子蓉蛋糕

（1）用料配比。牛奶 1 000 g，糖 100 g，蛋黄 12 个，栗子蓉 800 g，鱼胶粉 50 g，樱桃酒 15 g，淡奶油适量。

（2）工艺过程

1）将牛奶、糖煮开，冲入蛋黄。

2）加入栗子蓉，搅拌均匀，然后加入溶化好的鱼胶粉，调匀。

3）将打起的淡奶油、樱桃酒加入搅匀，放入蛋糕模中，抹平，冷却。

（3）质量标准。口感柔软，香甜，栗子香味浓厚。

（4）注意事项

1）牛奶一定要煮开，蛋黄要冲开。

2）栗子蓉与牛奶混合时，要搅打均匀，不能有栗子蓉疙瘩。

3）淡奶油不要打得太硬。

4）制品冷却后再进行装饰。

第五节　奶油胶冻

一、奶油胶冻的调制

1. 一般特性

奶油胶冻又称为巴伐利亚胶冻，是一种含有丰富乳脂和蛋白的甜点，具有外形美观、质地细腻、口感香甜的特点。

2. 一般用料

常见奶油胶冻的用料一般包括鲜奶油、牛奶、蛋黄、蛋白、糖、香精、结力片、巧克力等。有的根据制作品种和口味的要求，还要加入其他原料，如水果汁、香草或调味剂，以增加制品的风味特色。结力是制作奶油胶冻不可缺少的原料，是促成混合物凝结、保持制品内部组织细腻的稳定剂。

3. 工艺方法

奶油胶冻的调制方法根据品种的不同有差异，但一般的方法是：鸡蛋、奶油分别打起，牛奶煮开，结力泡软化开，其他配料备好，最后根据制品种类、风味特点，组合成奶油胶冻糊。

4. 注意事项

（1）结力片要泡软泡透，要使用合理的配方比例来生产。

（2）夏天搅打奶油时，要在搅拌器下用冰水冷却，因为奶油搅打的最佳温度为2~4 ℃，否则成品不稠，影响质量。

（3）牛奶、蛋糊的混合液与打起的奶油进行搅拌时，动作要轻、要快。

（4）如果要加入其他原料，如果汁、果肉等，就应适当增加结力的使用量。

（5）须在奶油胶冻液体完全降至室温时，才可加入鲜奶油，搅拌时不要太快或用力过猛。

（6）煮好的液体温度降至 70~80 ℃时，才可冲入蛋黄内，否则温度过高，易使蛋黄受热凝固。

二、奶油胶冻的成型方法与要求

1. 成型方法

奶油胶冻的成型方法有多种，要根据制品自身的特点和生产者一次生产的数量，灵活选择成型方法。

奶油胶冻成型的方法根据制品模具的不同而不同，但在相同的条件下，无论采用何种成型方法和模具，都必须在冷藏冰箱内进行成型。

奶油胶冻的成型方法灵活多变，已远远超出了一般的模具、容器定型的方法。有的用刻压法，将奶油胶冻放到一薄厚适合的长盘内，在冰箱冷冻成型后，用刻模具刻出所需的形状和大小，或者用刀直接切割出所需的形状。

2. 注意事项

（1）确保制品用料的配比合理，使产品的质量达到最佳标准。

（2）奶油胶冻的最后成型要在冷藏冰箱内完成。

（3）要保持模具的清洁，符合卫生标准。

三、奶油胶冻的冷却工艺方法

1. 工艺方法

奶油胶冻的冷却应在冷藏冰箱内进行，冷却时间一般为 3~6 h，其冷却时间、凝固程度与配料中结力的使用量有关。一般情况下，原料中的结力成分越多，所需的时间就越短，凝固程度相对稳定。但过量的结力不仅影响成品的口味、口感，而且直接影响成品品质。

此外，奶油胶冻的冷却时间还与制品的大小、薄厚有着紧密的关系。体积越大，越厚，所需的时间就越长。

2. 工艺要求

（1）奶油胶冻的冷却，不可在 0 ℃以下的冰箱内进行。

（2）冷却过程中，应避免剧烈振动。

（3）定型后的制品脱模时，要保持制品的完整。

3. 质量标准

（1）制品要软硬适度，造型美观整齐。

（2）口味、口感符合制品特点和标准。

（3）制品符合卫生要求。

【例14-9】 香草奶油胶冻

（1）用料配比。糖125 g，牛奶250 g，蛋黄70 g，蛋白50 g，鱼胶片15 g，淡奶油100 g，鲜奶油500 g，香草精少许。

（2）工艺过程

1）结力片用凉水泡软。

2）将蛋黄和糖放在容器里一起搅打均匀。

3）牛奶上火煮沸，倒入蛋黄糊里，同时放入化软的鱼胶搅拌均匀，即成牛奶蛋糊，冷却后待用。

4）奶油和蛋白分别打起，与牛奶蛋糊和其他配料搅拌均匀，装模具后放进冰箱中冷却。

5）取出冷冻的胶冻，将模具在温水中烫一下脱模，进行装饰即为成品。

（3）质量标准。色泽洁白，外形整齐，口感细腻，清凉爽口，具有浓厚的香草味。

（4）注意事项

1）蛋黄与糖一定要打起。

2）牛奶不能煳底。

3）牛奶糊冷却后，才能加入奶油，以防止温度过高而使奶油熔化。

第十五章

装饰工艺

第一节　色彩与图案的综合运用

制品色彩与图案的应用要服从造型的题材，即以自然界实物的颜色为依据，赋予不同色彩。凡是食品原料都有其本身的色彩和光泽，巧妙地应用原料固有色、加工色和复合色进行组合，会使所创作的图案富有真实感、形象感。

不同色彩的食品往往给人不同的感受，因而色彩有冷色、暖色的区别。冷色能给人清淡、凉爽、沉静的感觉；暖色能给人温暖、明朗、热烈的感觉。了解各种颜色对人们的心理活动的影响之后，在食品造型的构图中，就要注意各种原料色彩的选择与应用。

一、色彩定调

食品色彩和食品造型一样，要分主次。分主次就是要肯定食品色调的冷与暖，这是配色时首先应考虑的。冷暖不同的色彩在构图中的使用情况很不相同，它可以使画面构成各种各样的色调，但基本色调只能是定于暖色调，或定于冷色，或定于中性色调。这三种基本色调是必须掌握的，这叫作给色彩定调。如图案中多采用红色，则属暖色调；多用蓝色，则属冷色调；多用黄色，则是明色调；多用黑、紫色，则是暗色调。一件装饰品的图案有了色彩主调，画面才能统一，才能达到感人的艺术效果，否则就会杂乱无章。

二、确定底色

食品造型图案的形美、色美，离不开盛器的烘托。因此，选择好盛器对食品造型来说也是十分重要的。食品的盛器应该选用能使图案画面突出、清晰明朗的色彩。否则，制品的底色就会破坏整个图案的色调。

底色的处理除选择颜色适宜的盛器外，还可以通过原料的自然色和加工色加以表现，如用白奶油铺垫奶油蛋糕面，然后再在奶油面上装饰、造型。

三、对比色的应用

色彩应用中的对比，是指将不同的色互相映衬，使各自的特点更鲜明、更突出，给人更强烈、更醒目的感受。在图案的造型中，对比色的应用极为广泛，各种食品的色彩对比，将直接关系到图案的真实性和食品的味觉感受。色彩不是单独存在的，只有几种色彩并存，才显得鲜艳夺目。食品造型图案不是绘画图案，它必须以食品原料的色彩为对比色。通过食品原料色彩的对比来调和，使食品原料色彩之间产生区别和联系，以达到图案造型鲜明、生动的效果。对比色虽然鲜明、强烈，但若处理不当，容易产生杂乱的效果。

在实际应用中，经常采用的对比色有冷暖色调的对比、色相的对比、明暗的对比、面积的对比等几种方法：

1. 冷暖色调的对比

冷暖色调的对比是一种生理和心理感受，它取决于食品原料的色相。冷暖色调之分是相对的，如红樱桃和西红柿、过油后的菜叶和焯水后的菜叶，把这两种原料分别进行对比，红樱桃要比西红柿给人的色彩感受要暖一些，过油后的菜叶要比焯水后的菜叶给人的感受要冷一些。因此冷暖色调的对比使用，可增加菜肴的色感，带来生气，从而使人的视觉对图案产生空间感受，增强图案的立体效果。

2. 色相的对比

色相的对比是将两种食品的色彩进行直接对比使图案产生美的效果。色相的对比主要有同类色的色相对比、邻近色的色相对比、对比色的色相对比等。

（1）同类色的色相对比。它是指同一类色彩的两种原料，色相的差异在15°左右的较弱对比，如红樱桃与西红柿、黄瓜皮与菠菜叶、发菜与香菇等。这种对比能给人单纯、柔和、甜美的感受。

（2）邻近色的色相对比。邻近色的色相对比是指不同类色彩的两种食品原料色相差异在 45°左右，如红甜椒与紫甘兰。这种对比给人味厚、色高雅的感觉。

（3）对比色的色相对比。对比色的色相对比是不同色彩的两种制品，色相差异在 130°左右的对比。对比色的色相对比是食品图案造型中最普遍、最常用的一种。在各种原料色相的对比中，色相的差别越大，对比就越强；色相的差别越小，对比就越弱。

3. 明暗的对比

明暗的对比是指食品原料经过加工处理后，原料色彩的光度和色度的对比。它包括同类和不同类食品色彩明暗度的差别对比。如在同类色中，焯水的青椒和过油的青椒色彩的明暗差别很大。在不同类色的食品原料中，黑白对比是基本的对比，黑白对比能给人以醒目和清晰之感，是一种应用比较广泛的色彩对比。由此看来，不同类色的原料明暗差异通过对比可以互相衬托、补充，更进一步地丰富食品图案造型的色彩。

4. 面积的对比

一般来说，色域面积越大，反射的光度越大；反之，色域面积越小，反射的光度越小。其色彩的明度和纯度也是如此。所以，面积大小、多少的对比，对色彩的效果有着不可忽视的作用。

四、色彩的配合

图案的造型中，色彩的配合尤为重要。各种有色原料的配合，不同于绘画中各种颜料的调色，而是将各种烹制好的有色食品原料根据自然界中植物、动物、景物和人们理想中的图案形象，依照其色彩，用食用性的原料来表现图案的一种方法。在图案造型中，常见的色彩配合方法有以下几种：

1. 同类色相配合

同类色相配合又称顺色配，就是将同类色的食品原料，按其色彩的纯度不同相配合，使图案的色彩产生较为柔和的过渡效果，如在鸟类的翅膀装饰中，为了突出羽毛层次和翅膀羽毛的过渡，经常使用此种方法配色。同类色相配合，有紫红、正红、橘红、浅红的配色，也有橙黄、土黄、淡黄的配色，还有纯白、黄白、青白的配色等。

2. 邻近色相配合

邻近色相配合，一般根据七色光谱的相邻顺序依次配合，像色轮中的红与橙、橙与黄、黄与绿、绿与青，因为它们之间的色相与明度能使图案的色彩产生明显的过渡。使用这种方法，能使图案的色彩艳丽、自然。

3. 对比色相配合

对比色相配合又称对色配，它是根据食品色相之间所产生的明显色度差异进行色彩的配合，如红色与绿色、黄色与紫色、黑色与白色等。这类色彩的配合使图案的形象鲜明突出，相互之间通过不同色相的对比，产生明显的衬托感。

4. 明暗色相配合

明暗色相配合是根据食品原料色彩的明暗度来进行色相配合。明度高的原料在图案中能使所表现的部分更加突出；明度低即暗的原料能使图案产生稳定和增强空间的效果。所以，明度高的色彩，如黄、橙要用暗色来衬托，明度低的色彩，如紫、黑要用明色来衬托。

5. 色域面积大小配合

色域面积大小配合是根据食品原料的不同色彩，用大小不同的色域面积来配合，产生明显的立体感受。如在以琼脂为垫底的江河湖海的图案造型中，经常使用这种方法，它通过底部琼脂的色彩和其他食品小面积的色彩对比，使食品图案产生深远的感受。

五、色彩的情感与味觉

不同色彩的食品会产生不同的感受，包括不同的情感和味觉的感受。

红色使人感觉味浓、干香、脆酥、甜美、活泼、兴奋、艳丽、温暖、成熟。它象征喜庆、健康、吉祥。

绿色使人感觉清新、爽口、柔嫩、新鲜、深远、安静、生命、兴旺。它象征春天、希望、新生、和平、安全。

黄色使人感觉香甜、脆嫩、亲切、温暖、成熟。它象征光明、愉快、权威、丰硕。

白色使人感觉清淡、软嫩、洁净、脆爽、朴素、雅洁。它象征光明、纯洁、高尚、和平。

黑色使人感觉味浓、味长、干香、刚健。它象征严肃、坚实、庄严。

褐色使人感觉干香、味长、朴实。它象征健康、稳定、刚劲。

紫色使人感觉鲜香、幽雅、高贵。它象征庄重、优越。

食品的色彩基本上以上述色彩为主，这些色彩在不同的图案中被赋予不同的情感。由于色彩对人的心理作用与味觉感受及生理反应关系极为密切，因此，在实际图案运用中不是一成不变的。例如，就餐环境中各种灯光的出现，使人口味喜好发生变化，食品的色彩也应随之变化。

总之，在食品图案造型中必须根据就餐的环境、就餐的人、就餐的目的、图案的食用性等方面具体设计色彩。在食品图案造型中色彩的运用有其特殊的意义，它能通过人对色彩的不同感受，使图案产生空间感和层次感。所以对色彩性质的认识，可以帮助人们在图案造型中正确、恰当、合理地运用色彩，搭配色彩，以更好地满足情感和味觉的需要。

第二节　杏仁面装饰

杏仁面装饰是西式面点制作中经常使用的一种工艺方法：一方面，杏仁面是一种营养、口味都好的可食用的原料；另一方面，杏仁面具有良好的柔韧性和洁白度，是用作装饰的良好材料。

一、常见装饰制品的种类和制作方法

1. 杏仁面花朵、枝叶

用杏仁面制作花朵、枝叶是一种非常实用的方法。具体方法是：将杏仁面分成需要的份数，分别加入食用色素，调制成各种颜色的坯料，以备制作花和叶。制作花朵、枝叶的一般方法：一种是可用手捏制；另一种是可将杏仁面压薄、压匀后，用花朵、枝叶模子一个个刻下来，然后再进行组合即成。

2. 杏仁面水果

用杏仁面制作水果可先将杏仁面调出颜色，也可在制品完成后再在制品表面喷上色彩。制作方法是：将杏仁面分成同等大小坯料，运用搓、捏等造型手法，把坯料制成各种水果的形状，如草莓、苹果、香蕉、西瓜、橘子等，然后进行细致的加工，如扎出草莓的细小毛孔，画出西瓜的条纹等。为了增加杏仁面水果的食用价值，可以在定型后的杏仁面水果上粘上一层白巧克力或黑巧克力，既能提高营养价值，又可增加制品的美观。

3. 杏仁面动物、人物

杏仁面还可捏制成各种动物、人物。制作这些装饰物的造型时，除了少数借用模具外，大部分要以手工捏制，因此这类制品需要较高的技术和丰富的经验。用杏仁面捏制动物、人物造型时，根据制品特点，要先把杏仁面调好色彩，利用丰富多变的色彩，使造型生动活泼。

4. 杏仁面标牌

杏仁面标牌是一种较实用的装饰工艺，其一般工艺方法是：根据需要将杏仁面调制出所需色泽；然后，将杏仁面压薄，按照需要分成各种形状，如长条形、三角形、圆形等；最后，可用巧克力在制好的标牌上挤上简单的图案，写上"生日快乐"或甜点的名称，放到蛋糕或甜点表面。

二、注意事项

1. 控制色素量

在杏仁面调制颜色时，应掌握好色素的使用量，不要使其制品大红大绿。

2. 捏制时防粘手

在捏制杏仁面装饰品时，如果杏仁面粘手，那么可在手上抹一些糖粉或玉米粉，但不可使用过多。尽量不要抹面粉。

3. 尽量采用模具

在制作杏仁面装饰品时，如有条件应使用专用的杏仁面装饰模具。

4. 成品防软化

制作好的成品应排放在底部撒有一层玉米粉的容器内，盖上盖子，放在通风干燥的环境中，不可放在冰箱内，以免制品吸收水分变软。

第三节 巧克力装饰

巧克力装饰是西式面点重要的装饰工艺，可以制作的品种繁多，形状各异，深受人们的喜爱。

一、常见装饰品的种类、方法

1. 切割成各种形状、大小的制品

一般工艺方法是：巧克力熔化后，抹到油纸或平整的硬塑料纸上，待制品凝固后，用刀切割成不同形状和大小的制品，如简单的长片、方片或人物、图形等，然后将制

品从油纸或塑料纸上取下，粘在或插在制品表面。

2. 挤成各种图案、图形

巧克力熔化后，挤成各种图案、图形是西点装饰中常用的方法之一。具体方法是：将巧克力用"水浴法"熔化，待巧克力达到使用温度时，装入纸卷，根据需要在油纸上挤出各种图形，如花草树木等。如果交叉使用不同颜色的巧克力，则其制品更加鲜明、生动、活泼、大方。

3. 使用模具制出模型

具体方法是：将巧克力熔化，装入各种模具中，经冷却后，可以形成各种类型的巧克力制品，如各种圣诞节、复活节巧克力制品。若在制作各类装饰制品时，能灵活运用不同颜色的巧克力，则能丰富制品的色彩。

4. 制作各种巧克力棍或扇形装饰品

巧克力棍制作方法是：将熔化后的巧克力用平刀均匀地抹到大理石台面上，待巧克力凝固但未完全变硬时，用薄铁铲推切出一个个巧克力棍。

巧克力扇形装饰品的制作方法和巧克力棍的制作方法大体相同，但巧克力凝固的硬度要再低一些，以推切不能成棍状而成弯曲的片状时为宜，并将推切下来的巧克力片从中间弯曲，将两头合并即成。

5. 制作巧克力面坯

巧克力制成的巧克力面坯，不仅制品不易熔化，而且硬度及柔韧性也较巧克力好，因此，巧克力面坯是制作大型巧克力装饰品的优良原料。

巧克力面坯的制作方法是：将黑巧克力熔化，加可可油、葡萄糖浆和糖水（糖与水的比例为3:1），充分搅拌均匀后，放入冰箱冷却。将冷却后的面坯取出，放到压榨机内，反复压榨成面团，其软硬度可通过压榨的次数来掌握。

用巧克力面坯制作的装饰成品，定型后可喷上一层特制的油来增加制品的光亮度，可使制品更加美观。

二、注意事项

1. 制作巧克力装饰品的关键是正确掌握巧克力的温度，它包括巧克力的熔化温度、使用温度和环境温度。一般情况下，巧克力的熔化温度要控制在50 ℃以下，夏季最高不得超过45 ℃，巧克力的使用温度要根据巧克力中可可脂的含量及制品要求灵活运用，而操作间的环境温度应保持在20~25 ℃。

2. 制作巧克力装饰品时，动作要快，手法要熟练，尽量缩短巧克力和手的接触时

间，以避免手对巧克力表面的接触影响。

3. 制作巧克力装饰物时，应尽量避免混入其他杂物，尤其是水滴或面粉等原料，以免使制品表面产生花斑或斑点等。

4. 巧克力装饰品凝固后，要用平刀小心地使其和油纸或塑料纸分开，否则巧克力不能自由收缩，会产生两头上翘的现象。

5. 巧克力装饰物应存放在恒温的室内，一般温度为 15~18 ℃。

第四节　糖　　粉

糖粉是西式面点制作中常用的辅助原料，也是一种常用的装饰原料。糖粉制作的装饰品具有制品强度高、颜色丰富、能保持较长时间等优点，因而糖粉被广泛使用在各类装饰品上。婚礼蛋糕、生日蛋糕等制品都少不了用糖粉做的装饰制品。

一、各类糖粉装饰制品的工艺方法

常见糖粉装饰制品的种类有很多，不同种类可组合使用而形成一套完整的工艺制品。

1. 糖粉花叶、动物、人物造型

糖粉可用来制作装饰类制品，如花朵、叶子、人物及动物造型等，是用途广、制造方便的装饰品种。

将糖粉放入搅拌机内，加入蛋清，中速搅拌至发起，再加入适量的柠檬汁，拌匀即可。如想加入色素，可将色素用少许清水化开，加入拌匀即可。制作花朵时，可使用不同的裱花嘴。不同裱花嘴挤出的花朵形状也不同。无论是挤人物、花草，还是挤各种动物，都要挤在油纸上，这样制品干硬后容易取下。

在调制糖粉时，应掌握好糖粉的软硬度。太软，挤出的制品易摊开，造型不好；太硬，不易操作，挤出的制品粗糙，没有光泽。在实际操作中，要注意这一点。

2. 大型蛋糕的挤边、挂面

这也是糖粉用于装饰的重要一类。在大型装饰蛋糕、大型婚礼蛋糕中糖粉装饰物占有重要的地位。调制糖粉膏的工艺方法和前面提到的基本相同，但用于装饰品不同部位的糖粉膏的软硬度是不一样的。一般来讲，如果用于制品抹面，糖粉膏可以调制得软一点，稀一点，这样有利于操作，有利于制品表面的平整、均匀、光滑；如果用于制品边缘的拉线、拉网装饰，糖粉膏调制时就要硬一点，稠一点，这样挤出的糖粉细线有韧性，强度大，使制品保持良好的造型。

3. 用于圣诞节面点、蛋糕、饼干等的装饰

许多西方圣诞节甜点需要在制作成熟后，用糖粉或糖粉膏加以装饰。

糖粉膏的调制工艺为：将糖粉放入搅拌缸内，加入适量的蛋清，搅拌成均匀有光泽的浓稠状液体，然后加入适量的柠檬汁，搅拌均匀即可。

使用此糖粉膏的圣诞甜品有许多，如圣诞桂皮饼干、圣诞水果蛋清、圣诞水果面包等。有的将制品烘烤成熟后再加糖粉膏装饰，也有的制品在烘烤前加糖粉膏装饰，然后入烤箱烘烤，如圣诞桂皮饼干、茴香饼干等。

二、注意事项

1. 糖粉装饰制品质量与糖粉、蛋清及柠檬汁的搅拌有很大关系。调制时，搅拌时间不宜过长，否则蛋清打发过大，糖粉膏极易发泡，使制品缺少光泽。

2. 调制糖粉膏时，加入的柠檬汁应适量。加入柠檬汁过少，制品不易干燥定型，挤出的制品缺少立体感；加入的柠檬汁过多，糖粉膏易打发，制品失去光亮，韧性和硬度也降低。一般情况下，每 500 g 糖粉加入柠檬汁 10~20 g。

3. 调制糖粉膏时，所用的糖粉要过罗，以防糖粉中有杂质，影响制品细腻程度及操作的连贯性。

4. 每一种糖粉装饰品的制作方法不同，糖粉膏的软硬度也不相同，因此，在调制时，要充分了解糖粉膏所用的目的、性质和要求。

5. 在糖粉膏的使用过程中，应用一块湿毛巾盖好容器的口，以防糖粉膏水分蒸发、变干。

6. 制好的糖粉制品应放在干燥通风的环境下，经过 24 h 的干燥后方可使用。

第五节　蛋糕的装饰

蛋糕的装饰是蛋糕制作工艺的最终环节，通过装饰与点缀，不但增加蛋糕的风味，

提高营养价值，还给人们带来美的享受，增进食欲。蛋糕装饰艺术性、技术性很强，质量要求也高，因此，它要求操作者有过硬的基本功、较强的审美意识和较高的文化修养。

装饰蛋糕的坯料，可用海绵蛋糕，也可用油脂蛋糕，制作者要根据客人需要及制品特点灵活选择。

一、蛋糕装饰的种类

蛋糕装饰的种类，按原料性质分有表面涂抹的软质原料蛋糕装饰和进行捏塑造型、点缀用的硬质原料蛋糕装饰。软质原料便于涂抹、裱挤，硬质原料便于捏塑造型、点缀。无论选择哪种装饰原料都应保证色泽美观、营养丰富。

二、蛋糕装饰的一般用料

常用的蛋糕装饰原料有奶油制品（如黄油、鲜奶油等）、巧克力制品（如奶油巧克力、封糖巧克力、巧克力米、巧克力碎皮等）、糖制品（如蛋白糖、糖粉、翻砂糖等）、新鲜果品及罐头制品（如草莓、红樱桃、菠萝、桃、猕猴桃、黑樱桃等）和其他装饰原料（如结力冻等）。

三、蛋糕的装饰手法

1. 涂抹

涂抹是装饰工艺的初加工阶段，一般方法是：先将一个完整的蛋糕坯片成若干层，然后借助工具将装饰材料（如膨松体奶油）涂抹在每一层中间及外表，使表面光滑均匀，以便对蛋糕做进一步的装饰。

2. 淋挂

淋挂是将较硬的材料熔化成稠状液体后，直接淋在蛋糕的外表上，冷却后表面凝固、平坦、光滑，具有不粘手的效果，如脆皮巧克力蛋糕、风糖蛋糕等。

3. 挤

挤是将各种装饰用的糊状材料（如打起的鲜奶油等）装入带有花嘴的布袋中，用手挤出花形和花纹。

4. 捏塑

捏塑是将可塑性好的材料（如杏仁膏、糖制品等）手工制成形象逼真、活泼可爱的动物、人物、花卉等制品。捏塑制品的原料和装饰应具有可食用性、观赏性。

5. 点缀

点缀是把各种不同的再制品或干鲜果品按照不同的造型需要准确摆放在蛋糕表面的适当位置上，以充分体现制品的艺术造型。

四、注意事项

1. 根据蛋糕特色进行色彩装饰

不同品种的蛋糕各具特色，在蛋糕装饰过程中既讲究色彩，又讲究造型。在色彩装饰上，可采用装饰原料色彩与蛋糕坯料色彩形成反差的方法，也可采用装饰用料的基本色调与蛋糕坯料的本色保持一致的方法。

2. 注意蛋糕装饰的布局

蛋糕装饰的整体布局要对比鲜明、和谐、简洁明快，给人以清新雅致的美感。

附录

一、工具设备

1.

baking oven	烤箱	molder	成型机
bread slicer	面包切片机	proofer	醒发箱
divider	分割器	revolving oven	转炉
dough mixer	和面机/搅拌器	rounder	滚圆机
electrical stove	电磁炉	sheeter	压片机
equipment	设备	toaster	吐司机
ice cream machine	冰激凌机	tunnel oven	隧道式烤箱

2.

baking pan	烤盘	can opener	开罐器
baking sheet	烤盘（不带边）	container	容器
bench	工作案台	cutter assortment	花式刻模
bowl	碗	flour scoop	面铲
bread basket	面包篮	fluted mold	笛形模
bread knife	面包刀	fork	叉子
brush	刷子	funnel	漏斗
butter paper	油纸	grill plate	铁箅子
cake knife	蛋糕刀	heart ring	心形圈模
cake ring	蛋糕圈模	ice cream scoop	冰激凌勺

knife	刀	scissors	剪刀
machine	机器	scraper	刮板
measuring cup	量杯	spatula	抹刀
mold	模具	spoon	勺子
pan	平锅	strainer	过滤器
piping bag	挤袋	tea spoon	茶匙
piping tube	挤嘴	thermometer	温度计
plain mold	平模	tin	罐头
revolving cake stand	裱花转台	toast mold	吐司模
rolling pin	擀面棍	tool	工具 / 器械
sauce pan	少司锅	whisk	打蛋器
saw knife	锯刀	wooden spoon	木勺
scale	秤		

二、原辅材料

1.

alcohol	酒精 / 乙醇	citric acid	柠檬酸
ammonia bicarbonate	臭粉	cocoa butter	可可脂
baking powder	发粉	cocoa paste	可可酱
baking soda	苏打粉	cocoa powder	可可粉
beet sugar	甜菜糖	coconut powder	椰丝
bran	麦皮	colo（u）ring matter	色素
bread flour	面包粉	colo（u）ring	上色
brown sugar	红糖	condensed milk	炼乳
butter	黄油	corn starch	玉米淀粉
butter cream	黄油奶油	corn syrup	玉米糖浆
cake flour	蛋糕粉	cottonseed	棉籽
candy	糖果	cream	奶油 / 乳脂
cane sugar	蔗糖	cream cheese	奶油奶酪
cheese	奶酪	crumb	面包屑
chocolate	巧克力	crust	外壳 / 面包皮

crusting corner	（面包表皮的）硬外壳	kibble rye	粗黑麦
cube sugar	方糖	kibble wheat	粗麦
custard powder	吉士粉	lactose	乳糖
dark chocolate	黑巧克力	lard	猪油
dry yeast	干酵母	leavening	发酵剂
egg	鸡蛋	malt	麦芽
egg white	蛋白	maltose	饴糖
egg yolk	蛋黄	margarine	人造黄油
emulsifier	乳化剂	marmalade	果酱
enzyme	酶	marzipan	杏仁膏
essence	精华 / 香精	material	材料 / 原料
flavoring material	调味香料	milk	牛奶 / 乳
flour	面粉	milk chocolate	牛奶巧克力
fondant	风登糖	milk powder	奶粉
food additive	食物添加剂	mocha	摩卡咖啡
fresh yeast	鲜酵母	nonfat milk powder	脱脂奶粉
full fat milk powder	全脂奶粉	oatmeal	燕麦片
gelatin	明胶	oil	油
germ	胚芽	powdered sugar	糖粉
glucose	葡萄糖	raisin	葡萄干
grain	谷物 / 颗粒	raw material	原料
granulated sugar	砂糖	rusk	面包干 / 脆饼干
guar gum	瓜尔胶	rye	黑麦
gum	胶	rye flour	黑麦面粉
hard water	硬水	salad oil	沙拉油
hazelnut paste	榛子酱	shortening	氢化油 / 起酥油
icing fondant	风登糖霜	soft water	软水
icing sugar	（制糖霜用的）糖粉	solid fat	固体脂肪
ingredient	配料 / 成分	sour cream	酸奶油
invert sugar	转化糖	soy flour	大豆粉
jam	果酱	spice	香料
jelly	果冻	sponge	海绵

stabilizer	稳定剂	water	水
starch	淀粉	wheat starch	小麦淀粉
sugar	糖	white chocolate	白巧克力
syrup	糖浆	whole egg	全蛋
topping cream	裱花奶油	whole wheat	全麦
vanilla	香草香精	whole wheat flour	全麦粉
vanilla sugar	香草糖	yeast	酵母
vegetable oil	植物油	zest	柠檬皮 / 柑橘水果的外皮
vitamin	维生素		

2.

almond	杏仁	onion	洋葱
apple	苹果	orange	橙子
apricot	杏	peach	桃子
banana	香蕉	pear	梨
beancurd	豆腐	pecan	胡桃
blackberry	黑莓	peel	果皮
blueberry	蓝莓	pepper	胡椒
brandy	白兰地	pistachio	开心果
chestnut	栗子	potato	马铃薯
cinnamon	肉桂	raspberry	树莓
clove	丁香	red cherry	红樱桃
dark cherry	黑樱桃	red wine	红葡萄酒
ginger	姜	rum	朗姆酒
hazelnut	榛子	salt	盐
honey	蜂蜜	sesame	芝麻
kirsch	樱桃酒	sour cherry	酸樱桃
kiwi	猕猴桃	strawberry	草莓
lemon	柠檬	vegetable	蔬菜
mango	杧果	walnut	核桃
mint	薄荷	white wine	白葡萄酒
nut	坚果	yogurt	酸奶
nutmeg	豆蔻		

三、烘焙产品

braided bread	花辫面包	noodle	面条
bread	面包	pancake	薄饼
cake	蛋糕	parfait	芭菲
caramel	焦糖	pie	派
cookie	曲奇饼干	pudding	布丁
cream puff	气鼓	puff pastry	起酥
crepe	薄饼	rye bread	黑麦面包
custard	牛奶蛋糊	sauce	少司 / 汁
Danish pastry	丹麦包	sherbet	冰霜
dissolve	溶解	souffle	苏夫利
doughnut	炸面圈	sponge cake	海绵蛋糕
eclair	长气鼓	sweet dough	甜面团
French bread	法式面包	sweet roll	甜餐包
frozen bread	冷冻面包	tart	塔
ice cream	冰激凌	toast	吐司
loaf	个 / 块（面包）	twisted bread	编辫包
meringue	蛋白酥皮	vanilla sauce	香草汁
mousse	慕斯	white bread	白面包 / 方包
muffin	麦芬	whole wheat bread	全麦面包

四、工艺操作

add	加入	brush	刷
bake	烘烤 / 烘焙	chill	冷却
beat	打	chop	剁块
blend	混合	coat	涂层
boil	煮（沸）	color	着色
braise	炖	combine	组合
break	裂开	cool	冷却

cut	切割 / 消减	roast	烤（肉）
decorate	装饰	roll out	擀开
deep-fry	炸	round	滚圆
dip	蘸	scrape	刮
divide	分割	scrape down	刮落 / 刮去
evaporate	蒸发	seal	封口
fold	折叠	sheet	压片
fold in	叠入	shell	去壳
freeze	冷冻	shred	撕碎
fry	油炸	shrink	收缩 / 缩水
garnish	装饰	simmer	文火煮
grate	擦丝	skin	去皮
grease	烤盘涂油	slice	切成薄片
grind	磨碎	smash	打破 / 粉碎
knead	揉 / 捏	spread	散布 / 涂抹食品
laminate	层压 / 分成薄片	squeeze	挤 / 榨 / 紧握
maturing	成熟	steam	蒸
melt	融化	stir	搅动
mince	切碎	strain	拉紧 / 滤出水分
mix	使混合 / 搅匀 / 拌和	stuff	瓤馅
mold	成型	thaw	解冻
packing	包装	trim	去除边角
peel	削皮	turn over	翻转
pipe	用挤袋挤	twist	拧 / 编织
place	放置	wash	洗涤
pound	捣烂	whip	搅打 / 把……打起泡沫
proof	醒发	wrap	包裹
punch	打 / 猛力推挤		

五、状态描述

adherent	黏附的	aftertaste	回味

aroma	芳香 / 香味	fixed	固定的
astringent taste	涩味	flaky	薄片状的
bad	不好的 / 坏的	flat top	平顶
bitter	有苦味的	flavor	味 / 风味
bland	淡而无味	foreign flavor	异臭 / 异味（气味）
brown	棕色	fragile	易破的 / 脆弱的
bubbly	多泡的	fresh bread	新鲜面包
caved sides	侧部陷落	frozen	冷冻的
cheesy	奶酪味的	gold	金黄色
chewy	柔软而会粘牙的	good	好的 / 优良的
chilled	冷藏的 / 冷冻的	good point	优点
closed grain	紧密的颗粒	gray	灰色
cold	冷的	gummy	胶黏性的
compact	紧密的 / 密度大的	hard	坚硬的
cottony	棉花似的 / 软的	heavy	重的 / 大量的
creamy white	奶白色的	height	高度
crescent	新月状	hole	洞
crumbly	易弄碎的	homogenous	同质的 / 均匀的
crusty	硬的	hot	热 / 热的
cube	方块	instant	快速的
dark	黑暗的 / 深色的	internal quality	内部的品质
defatted	脱脂的	knobbly	有小节的
delicious	美味的	large	大的 / 大规模的
dense	稠密的	light	轻的 / 淡色的
density	密度	long	长的
dice	方丁	loose	松散的 / 松开
dry	干的 / 干燥的	lumpy	多块状的
dull	暗淡的 / 钝的（刀）	mild	温和的 / 味淡的
elasticity	弹性	odor	气味
even	均匀的	pale	苍白的 / 暗淡的
external appearance	外观 / 外形	poor	粗劣的 / 不好的
fast	快的 / 紧的	powder	粉

pungent	刺激性的	sour	酸味的
ragged	粗糙的 / 不整齐的	spotty	多斑点的
ragged break	不整齐的裂口	sticky	黏的
raw	生的 / 未经加工的	stiff	僵硬的 / 挺的
rich	丰富的	streaky	有条纹的
salty	咸的 / 盐的	strong	强壮的 / 强烈的
shallow	浅的	sweet	甜的 / 甜味的
shape	形状 / 外形	tender	柔软的 / 嫩的
sharp	尖的 / 锐利的	thick	厚的 / 粗的
sheeny	有光泽的	thin	稀薄的 / 薄的 / 瘦的
shiny	发亮的 / 有光泽的	tight	紧的 / 牢固的
short	短的 / 近的	tough	坚韧的
silky	丝的 / 柔滑的 / 有光泽的	vacant	空的 / 空白的
silver	银 / 银白色	volume	量 / 体积
simple	简单的 / 单纯的	weak	弱的 / 差的
slow	缓慢的 / 慢的	wet	潮的 / 湿的
small	小的 / 少的	white	白色 / 白的
smooth	平滑的	whole	全 / 整
soft	柔软的	yellow	黄色
solid	固体 / 实心的		

六、相关词汇

acetic acid	醋酸	boiling point	沸点
acid	酸 / 酸性	bottom	底 / 底部
alkaline	碱性的	calculate	计算
back	后面	calorie	卡
bacteria	细菌	canned	听装的
bakery	面包烘房 / 面包店	capacity	容量
batch size	批量	carbon	碳
batter	面糊	cellulose	纤维素
bench time	案台（操作）时间	celsius scale	摄氏温度

change	变化 / 改变	process	过程
character	特点	produce	产生
component	组成部分 / 组成的	product	产品
compound	化合物	property	性能 / 性质
confectionery	甜食	quality	品质
detergent	清洁剂	quality control	品质控制
dozen	一打 / 十二个	quantity	数量
end	末端 / 尖 / 结束	reaction	反应
energy	能源 / 能量	recipe	食谱
filling	馅 / 填满	sanitation	卫生
formula	公式 / 配方	seed	种子 / 籽
framework	框架	shelf life	货架寿命 / 保鲜期
front	前面 / 前部	side	侧面 / 旁边
hour	小时	smoke point	烟点
hygiene	卫生	solubility	溶解性
hygienic	卫生的	solute	溶质 / 溶解物
insect	昆虫	solution	溶液 / 解决方法
label	标签 / 贴标签于	solvent	溶剂
lack	缺乏 / 不足	stability	稳定性
last	最后的	stage	阶段
liquid	液体	steam	蒸汽
lubricant	润滑剂	step	步骤
mass	大量 / 质量	structure	结构 / 构造
melting point	熔点	technique	技术
minute	分钟	temperature	温度
mixture	混合物	texture	结构 / 组织
mold	霉菌 / 发霉	top	顶部
multiple	多倍的 / 复合的	touch	碰触 / 接触
network	网络 / 网状物	viscosity	黏性 / 黏滞度
ounce	盎司	weight	重量